高等职业院校新形态教材·大数据系列

Python程序设计教程
（工作手册式）

王 瑶　杨 东　主编

杨儒君　陈宝英　黄贵川　副主编

电子工业出版社.
Publishing House of Electronics Industry
北京·BEIJING

内 容 简 介

本书主要包括揭秘 Python 程序设计之谜、控制程序的结构、优化程序的性能、Python 与办公自动化、Python 数据分析与可视化、Python 与会计、Python 与电子商务七大情景，共 23 个任务。希望通过本书的学习，使学生具备解题的思维方式和程序设计的基本功，并培养学生通过 Python 编程来解决实际问题的能力。

图书在版编目（CIP）数据

Python 程序设计教程：工作手册式 / 王瑶，杨东主编. —北京：电子工业出版社，2023.7

ISBN 978-7-121-46110-1

Ⅰ.①P… Ⅱ.①王… ②杨… Ⅲ.①软件工具—程序设计—高等学校—教材

Ⅳ.①TP311.561

中国国家版本馆 CIP 数据核字（2023）第 152630 号

责任编辑：康　静
印　　刷：北京七彩京通数码快印有限公司
装　　订：北京七彩京通数码快印有限公司
出版发行：电子工业出版社
　　　　　北京市海淀区万寿路 173 信箱　　邮编：100036
开　　本：787×1092　1/16　印张：13.75　字数：352 千字
版　　次：2023 年 7 月第 1 版
印　　次：2025 年 1 月第 2 次印刷
定　　价：45.00 元

前　言

　　《Python 程序设计教程（工作手册式）》分为两个部分，第一部分主要介绍基础知识，包括揭秘 Python 程序设计之谜、控制程序的结构、优化程序的性能；第二部分主要介绍应用方法，包括 Python 与办公自动化、Python 数据分析与可视化、Python 与会计、Python 与电子商务。本教材内容由浅入深、难易结合，根据工作过程详细介绍了 Python 语言基础知识，以及 Python 在办公自动化、大数据可视化、财务会计和电子商务方面的具体应用。

　　教材内容基于企业真实场景，展现行业新业态、新水平、新技术，能有效培养学生的综合职业素养；开发配套数字资源，包括微课视频、动画等数字资源，可以帮助学生理解教材中的重点及难点；以德树人，在课程思政内容中"润物细无声"地融入工匠精神，为学生送上"精神大餐"；教材采用"任务式"编写方法，以国家职业标准为依据，以综合职业能力培养为目标，以典型工作任务为载体，以学生为中心，以能力培养为本位，将理论学习与实践学习相结合，培养学生的计算能力、创新能力，以及发现问题、分析问题和解决问题的能力。同时，使用本教材的"Python 程序设计"课程于 2019 年被重庆市教育委员会评为重庆高校市级精品在线开放课程，后于 2020 年被重庆市教育委员会评为线上线下混合式一流课程。

　　目前本教材已有电子教案、教学课件、教学视频等教学资源 100 余个，其中教学视频共计 500 多分钟，后期将会继续增加相关教学资源，请有需要的读者登录华信教育资源网（www.hxedu.com.cn）注册后免费下载（有源代码），也可以扫描二维码观看现有的教学资源。

资源名称	资源类别	资源个数	二维码
电子教案	Word 文档	7	
教学课件	PPT 文档	7	
教学视频	MP4 视频	38	
课后习题	Word 文档	8	

　　本教材基于"校企双元"育人模式，由重庆城市职业学院骨干教师，以及重庆辰领科技有限公司和重庆涌潮科技有限公司技术骨干共同编写。其中，王瑶、杨东编写情景一至情景四；杨儒君、陈宝英、黄贵川编写情景五至情景七。

　　本教材可作为高等职业教育专科院校、高等职业教育本科院校及应用型本科院校计算机相关专业的教学用书，也可以作为其他专业的选修课用书，还可以作为社会从业人员和 Python 编程爱好者的学习指导用书。

　　由于时间仓促，加之编者水平有限，书中难免有疏漏与不妥之处，敬请广大读者批评指正，不吝赐教。

编　者

目　　录

情景一　揭秘 Python 程序设计之谜

任务一　项目开发环境的搭建

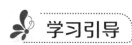 学习引导

	知识目标	能力目标（课程素养）	素质目标
学习目标	1. 了解 Python 的特点及应用 2. 掌握 Python IDLE 的命令（交互）模式和程序（脚本）模式	1. 能够下载并安装 Python IDLE（版权及知识产权保护意识） 2. 能够熟练应用 Python IDLE 编写、运行程序（追求真理　踏实认真） 3. 能够完成扩展库的安装及模块的导入（接受新知识　敢闯敢试）	1. 培养学生学习 Python 的兴趣 2. 培养学生的自主学习能力
思维导图	项目开发环境的搭建 技术准备 — Python的简介 / Python的特点 / Python的应用 任务实施 — Python IDLE的下载与安装 / Python IDLE的使用 强化训练 — 尝试使用Python IDLE中的常用快捷键		

学习任务清单

任务名称	项目开发环境的搭建
任务描述	下载与本地计算机操作系统和位数匹配的最新版本的 Python IDLE，并分别使用命令（交互）模式和程序（脚本）模式验证相应功能
任务分析	首先明确计算机操作系统和位数，然后用浏览器打开 Python 官方网站，找到下载链接后下载、安装合适的版本，安装成功后分别用命令（交互）模式、程序（脚本）模式完成相应功能的测试
成果展示与评价	每个小组成员都需要完成 Python IDLE 的下载和安装，并使用 Python IDLE 编写和运行程序，小组互评后由教师评定综合成绩

 任务描述

项目组要开发一款高校固定资产管理系统，经过与客户沟通和交流，确定该系统的主要模块如图 1-1 所示。高校固定资产管理系统主要包括四大模块：用户管理模块、资产管理模块、资产维护模块和报表维护模块。用户管理模块的主要功能包括增加、删除、修改和查询用户信息；资产管理模块的主要功能有增加资源、删除资源、借出资源、归还资源；资产维护模块的主要功能包括资产信息查询、变更、折旧、统计；报表维护模块的主要功能是打印资产报表。

图 1-1 高校固定资产管理系统的主要模块

技术准备

教学视频

1. Python 的简介

Python 是在 1989 年圣诞节期间，由荷兰人 Guido van Rossum（吉多·范罗苏姆）在阿姆斯特丹开发和设计的。吉多·范罗苏姆决心开发一种新的脚本解释语言，并打算将其作为 ABC 语言的继承。该脚本解释语言的名字——Python（译为"大蟒蛇"）取自英国 20 世纪 70 年代首播的电视喜剧《蒙提·派森的飞行马戏团》（即 *Monty Python's Flying Circus*）。

Python 2.0 于 2000 年 10 月 16 日发布，它增加了完整的垃圾回收功能，并支持 Unicode。2018 年 3 月，该语言的作者宣布 Python 2.7 将于 2020 年 1 月 1 日终止相关的支持。

Python 3.0 于 2008 年 12 月 3 日不再完全兼容之前的 Python 源代码，但它的很多新特性被移植到了 Python 2.6/2.7 版本上。

2. Python 的特点

①易于学习：Python 有明确定义的语法和相对较少的关键字，结构简单，学习起来更加

方便。

②易于维护：Python 的成功在于它的源代码是比较容易维护的。

③标准库：Python 的最大优势之一是具有丰富的标准库，支持跨平台，在 UNIX 系统、Windows 系统和 Macintosh 系统上兼容得很好。

④互动模式：有了互动模式的支持，用户可以从终端输入执行代码并获得运行结果，也可以进行互动测试和代码片段调试。

⑤可移植：开放源代码的特性使得 Python 已经被移植到了许多平台上。

⑥可扩展：如果需要运行一段很关键的代码，或者想要编写一些不愿开源的算法，则可以使用 C/C++ 完成那部分程序，然后从 Python 程序中调用。

⑦数据库：Python 提供了主要的商业数据库的接口。

⑧GUI 编程：Python 支持 GUI（Graphics User Interface，图形用户界面），可以创建和移植到许多系统上，并被该系统调用。

⑨可嵌入：将 Python 嵌入到 C/C++ 程序中，可让用户获得"脚本化"的能力。

3. Python 的应用

Python 的应用领域非常广泛，几乎所有大中型互联网企业都在使用 Python 完成各种各样的任务，如国外的 Google、YouTube、Dropbox 等；国内的百度、新浪、搜狐、腾讯、阿里巴巴、知乎、豆瓣、汽车之家、美团等。Python 的应用领域主要有以下几个方面。

（1）Web 应用开发

随着 Python 的 Web 开发框架（如 Django、Flask、web2py 等）逐渐成熟，程序员可以更轻松地开发和管理复杂的 Web 程序。全球最大的搜索引擎——Google，其网络搜索系统就广泛使用了 Python。另外，我们经常访问的豆瓣网也是使用 Python 实现的。

（2）自动化运维

在很多操作系统中，Python 都是标准的系统组件。大多数 Linux 发行版，以及 NetBSD、OpenBSD 和 Mac OS X 都集成了 Python，可以在终端直接运行 Python。一些 Linux 发行版的安装器也使用 Python 语言编写，例如，Ubuntu 的 Ubiquity、Red Hat Enterprise Linux 和 Fedora 的 Anaconda 等。

另外，Python 标准库包含了多个可用来调用操作系统功能的库。例如，通过 pywin32 可以访问 Windows 的 COM 服务及其 Window API，也可以通过 IronPython 直接调用 Net Framework。

通常情况下，使用 Python 编写的系统管理脚本，无论是代码可读性，还是代码重用性及扩展性，都优于普通的 Shell 脚本。

（3）人工智能

人工智能是一个非常热门的研究方向，如果要评选当前最热门、工资最高的 IT 职位，那么人工智能领域的工程师最有发言权。在人工智能领域的机器学习、神经网络、深度学习等方面，Python 都是主流的编程语言。

目前比较优秀的人工智能学习框架主要有 Google 的 TransorFlow 神经网络框架、Facebook 的 PyTorch 神经网络框架，以及开源社区的 Karas 神经网络库等，它们都是用 Python 实现的。微软的 CNTK 认知工具包也完全支持 Python，此外，该公司开发的 Visual Studio

Code（简称 VS Code）已经使用 Python 作为支持语言，并且还将 Python 作为了第一级语言。

（4）网络爬虫

Python 很早就被用来编写网络爬虫了。其中，Google 等搜索引擎公司早已大量地使用 Python 编写网络爬虫。从技术层面上讲，Python 不仅提供了很多服务于编写网络爬虫的工具，如 urllib、Selenium、Beautiful Soup 等，还提供了一个网络爬虫框架，即 Scrapy。

（5）科学计算

自 1997 年起，NASA（National Aeronautics and Space Administration）就大量使用 Python 进行各种复杂的科学运算。和其他解释型语言（如 Shell、JavaScript、PHP）相比，Python 在数据分析、数据可视化方面有相当完善且优秀的库，如 NumPy、SciPy、Matplotlib、Pandas 等，它们都可以满足 Python 程序员编写科学计算程序的需求。

（6）游戏开发

很多游戏都使用 C++编写图形显示等高性能模块，使用 Python 或 Lua 编写游戏的逻辑模块。其中，Lua 的功能简单，体积小。与之相比，Python 则支持更多的特性和数据类型。

 任务实施

教学视频

1. Python IDLE 的下载与安装

（1）Python IDLE 的下载

IDLE（Integrated Development and Learning Environment）是 Python 的集成开发环境，用户可自行下载。首先，打开浏览器访问 Python 官方网页，然后单击"Downloads"菜单下的"Windows"选项，如图 1-2 所示。

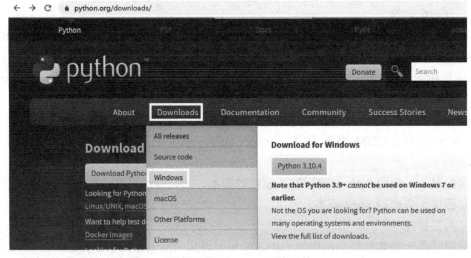

图 1-2 选择下载 Windows 环境下的 Python

如果需要下载 Windows 环境下的其他历史版本的 Python，可以直接单击"Downloads"菜单下的"Windows"选项查看并下载。其中，"Stable Releases"是稳定版本，"Pre-releases"是预发行版本，如图 1-3 所示。往下滑动滚动条，可以选择符合本地计算机操作系统和位数的 Python 版本，单击相应版本即可下载，如图 1-4 所示为 Python 3.9.6 版本。

← → C 🔒 python.org/downloads/windows/

Python 》》》Downloads 》》》Windows

Python Releases for Windows

- Latest Python 3 Release - Python 3.10.4
- Latest Python 2 Release - Python 2.7.18

Stable Releases 稳定版本

- Python 3.10.4 - March 24, 2022
  Note that Python 3.10.4 *cannot* be used on Windows 7 or earlier.

  - Download Windows embeddable package (32-bit)　32位操作系统嵌入式的包
  - Download Windows embeddable package (64-bit)　64位操作系统嵌入式的包
  - Download Windows help file　Windows的帮助文档
  - Download Windows installer (32-bit)　32位操作系统的本地安装包
  - Download Windows installer (64-bit)　64位操作系统的本地安装包
- Python 3.9.12 - March 23, 2022
  Note that Python 3.9.12 *cannot* be used on Windows 7 or earlier.

Pre-releases 预发行版本

- Python 3.11.0a7 - April 5, 2022
  - Download Windows embeddable package (32-bit)
  - Download Windows embeddable package (64-bit)
  - Download Windows embeddable package (ARM64)
  - Download Windows installer (32-bit)
  - Download Windows installer (64-bit)
  - Download Windows installer (ARM64)
- Python 3.11.0a6 - March 7, 2022
  - Download Windows embeddable package (32-bit)
  - Download Windows embeddable package (64-bit)

图 1-3　不同 Python 版本和安装包说明

- Python 3.9.6 - June 28, 2021
  Note that Python 3.9.6 *cannot* be used on Windows 7 or earlier.

  - Download Windows embeddable package (32-bit)
  - Download Windows embeddable package (64-bit)
  - Download Windows help file
  - Download Windows installer (32-bit)
  - Download Windows installer (64-bit)

图 1-4　Python 3.9.6 版本

（2）Python IDLE 的安装

双击下载成功的 python-3.9.6-amd64.exe 可执行文件，会弹出一个 Python 安装向导窗口。在该窗口中勾选"Add Python 3.9 to PATH"选项，如图 1-5 所示，单击"Customize installation"按钮选择自定义安装。

图 1-5　Python 安装向导窗口

单击"Next"按钮打开新窗口，可以在打开的新窗口中修改安装路径，如图1-6所示。修改后单击"Install"按钮，开始安装。

图1-6 修改安装路径

安装成功之后，会自动打开安装成功窗口，如图1-7所示。

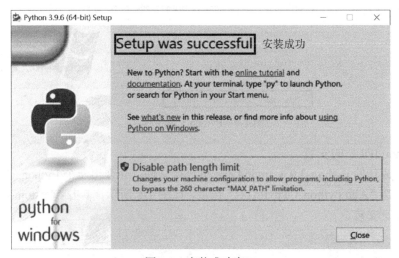

图1-7 安装成功窗口

2. Python IDLE 的使用

安装完成后，使用Win+R组合键打开运行窗口，再输入"cmd"打开命令提示符窗口，在该窗口中输入"python"或"py"后按回车键，此时如果出现如图1-8所示的安装验证信息，则说明Python已经成功安装。

（1）Python IDLE 的命令（交互）模式

我们可以通过开始图标找到Python 3.9的IDLE（即Python 3.9 64-bit）。">>>"提示符表示Python已经做好准备，等待用户向它发布命令，让它工作。

可直接在Python解释器的命令（交互）模式下进行运算，如输入"1+2+3"，按下回车键后会看到运行结果为6，如图1-9所示。

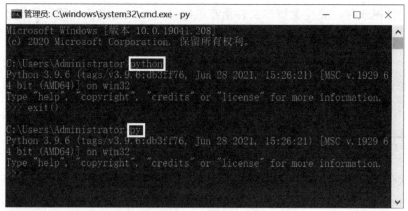

图 1-8　安装验证信息

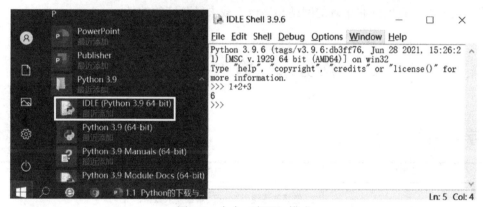

图 1-9　命令（交互）模式

如果输入 Python 语句：print('hello cqcvc')，则按下回车键后会输出：hello cqcvc。

（2）Python IDLE 的程序（脚本）模式

在 Python IDLE 的命令（交互）模式下依次单击"File"→"New File"按钮就可以进入程序（脚本）模式，该模式的功能是将要执行的代码全部写在一个 py 文件中，保存代码后依次单击"Run"→"Run Module"按钮（快捷键为 F5）即可运行，如图 1-10 所示。

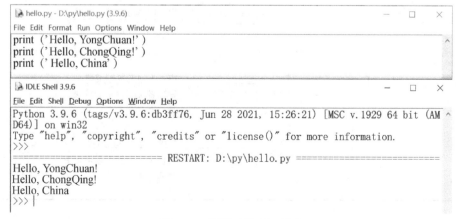

图 1-10　程序（脚本）模式

　　在使用这种模式时，要注意脚本文件所在的路径，如果当前工作路径和脚本文件路径不在同一路径，则要进入脚本文件所在的路径，或者给出脚本文件的完整路径。

强化训练

　　请上网查询 Python IDLE 的常用快捷键，并尝试使用。

 任务小结

　　通过本次任务的学习和实践，我们了解了 Python 语言的发展历史、特点和应用，学会了独立完成 Python IDLE 的下载与安装，并且能够熟练地掌握和使用 Python IDLE 的命令（交互）模式和程序（脚本）模式来完成基本的操作。同时，建议大家树立版权意识，通过官方网站下载正版软件，避免到非正规的网站和平台下载未经验证的软件。

任务二　输入与输出

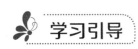 学习引导

教学视频

	知识目标	能力目标（课程素养）	素质目标
学习目标	1. 了解 Python 的输入、输出功能 2. 掌握输入、输出函数的使用方法 3. 了解格式化输出的相关参数	1. 能够熟练使用 input( )函数输入数据，并学会输入不同数据类型的数据（严谨规范） 2. 能够输出转义字符中的特殊字符（细致耐心　踏实认真） 3. 能够根据相应要求，使用 format 方法进行格式化输出（勇于开拓　精益求精）	1. 培养学生学习 Python 的兴趣 2. 培养学生的自主学习能力 3. 增强学生的人机交互能力
思维导图	输入与输出 —— 技术准备 —— PyCharm简介 / PyCharm的下载与安装 / 创建PyCharm项目 —— 任务实施 —— 输入不同的数据类型 / 输出转义字符中的特殊字符 / 格式化输出 —— 强化训练 —— Python程序设计规范 / 查询不同对象的数据类型 / 格式化输出		

学习任务清单

任务名称	输入与输出
任务描述	在 PyCharm 集成开发环境中编写程序，实现用户信息的输入（包括用户名、密码、姓名、性别、年龄、职务），并将上述信息格式化输出到控制台中
任务分析	首先通过 input( ) 函数将用户信息逐一输入，并保存到不同变量中，同时注意不同数据类型需要进行转换。最后使用 print( ) 函数搭配 format 方法将用户信息进行格式化输出
成果展示与评价	每个小组成员都需要完成 PyCharm 的下载、安装和使用，并使用 PyCharm 完成输入函数与输出函数的编写，小组互评后由教师评定综合成绩

 ## 任务描述

在任务一中，项目组准备开发一款高校固定资产管理系统，整个系统主要包括四大模块：用户管理模块、资产管理模块、资产维护模块和报表维护模块。本次任务主要使用 Python 语言完成用户管理模块的部分功能：增加用户信息、删除用户信息、修改用户信息和查询用户信息，如图 1-11 所示。

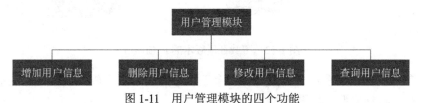

图 1-11　用户管理模块的四个功能

 ## 技术准备

1. PyCharm 简介

在任务一中介绍了 Python 自带 IDLE 的两种应用模式，但如果只用 Python 自带的这两种应用模式来开发真实的案例，就会出现功能不足的问题，主要原因在于其界面不够友好、没有代码提示功能、自带的数据包很少等。论语有云："工欲善其事，必先利其器"。在完成本次任务前，我们先一起学习一款能提高 Python 开发效率的工具——PyCharm。

PyCharm 有一套可以帮助用户提高 Python 语言开发效率的工具，这套工具的主要功能有调试、语法高亮、Project 管理、代码跳转、智能提示、自动完成、单元测试、版本控制等。此外，其 IDE（Integrated Development Environment，集成开发环境）提供了一些高级功能，可支持基于 Django 框架的专业 Web 开发。

PyCharm 是一款由 JetBrains 打造的 Python IDE，同时支持 Google App Engine 和 IronPython。在先进的代码分析程序的支持下，PyCharm 成为了 Python 专业开发人员和初级使用人员的有力工具。

PyCharm 分为专业版本（Professional）和社区版本（Community），这两个版本存在一些区别。专业版本功能全，适合专业开发人员，但需要收费；社区版本只有部分功能，适合学生、教育者，是免费的。相比专业版本，社区版本缺少专业版本中的 Web 开发、Python Web 框架、Python 探查、远程开发等功能。

2. PyCharm 的下载与安装

①打开 PyCharm 官网，单击"Community"下方的"Download"按钮下载社区版本的 PyCharm，如图 1-12 所示。

教学视频

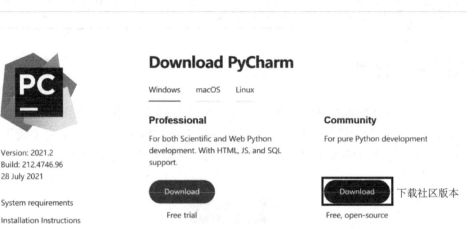

图 1-12　下载社区版本的 PyCharm

②可以在下载过程中看到下载速度和剩余下载时间。下载完成后，在本地磁盘的指定位置会新增一个可执行文件，如图 1-13 所示。

图 1-13　PyCharm 下载过程

③PyCharm 下载完成后，双击可执行文件进行安装。安装时建议单击"Browse…"按钮修改安装路径（不要在安装路径中使用中文字符），如图 1-14 所示，单击"Next"按钮继续安装。

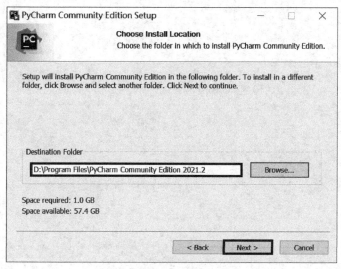

图 1-14　修改安装路径

④根据实际情况勾选相应选项，如图 1-15 所示，单击"Next"按钮开始安装。稍等片刻会出现安装成功的提示，此时单击"Finish"按钮，重新启动计算机即可完成安装。

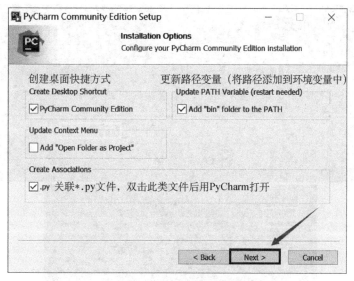

图 1-15　勾选相应选项

3. 创建 PyCharm 项目

①双击桌面上的"PyCharm Community Edition 2021.2"启动程序，勾选"同意"（或"Agree"）选项后单击"Continue"按钮，单击"New Project"按钮创建新项目。

②设置新项目选项，具体操作如图 1-16 所示。

图 1-16　设置新项目选项

③通过在新建的项目上单击鼠标右键来创建 Python 文件，具体操作如图 1-17 所示。

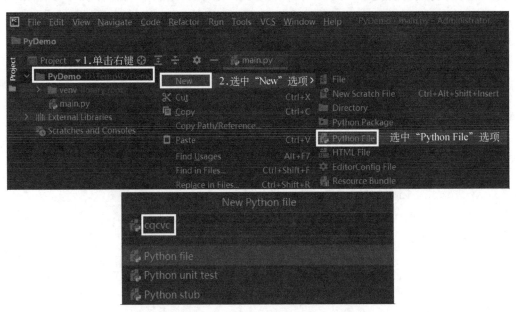

图 1-17　创建 Python 文件的具体操作

④编写 Python 文件，在代码编辑区单击鼠标右键，在打开的窗口中单击"Run 'cqcvc'"按钮或按下 Ctrl+F5 组合键运行该文件，如图 1-18 所示。

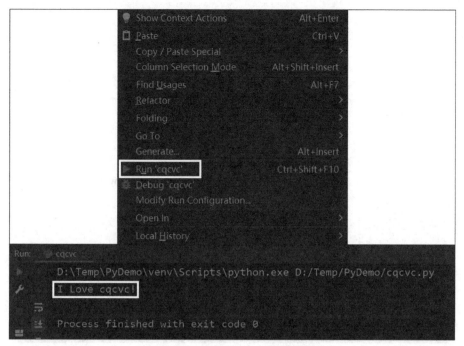

图 1-18 编写并运行 Python 文件

 **任务实施**

1. 输入不同的数据类型

（1）输入字符串类型数据

在 PyCharm 开发环境中新建一个 Python 文件（demo1.py），在代码编辑区输入代码后，于代码编辑区单击右键选择"Run demo1"选项或按下 Ctrl+F5 组合键运行代码，可以在正下方的控制台中看到运行结果。

该任务需要输入用户名、密码、姓名、性别、年龄和职务信息，在此可以使用多个 input( ) 函数来完成，并且可将输入的数据保存到不同的变量中，以便后续使用。程序代码和程序运行结果分别如图 1-19、图 1-20 所示。

（2）输入的数据类型与输出的数据类型不同

上述代码实现了通过键盘输入信息并将信息保存到相应变量的功能。input( )函数默认接收的数据都为字符串类型数据，同学们可以自行验证，即先将代码"print(type(age))"添加到代码编辑区第 7 行中，然后重新运行程序。在输入对应信息后可以看到，虽然输入的年龄为数字，但输出的数据类型却是字符串类型。此时需要再做一项工作，就是将用户输入的字符串类型数据转为整型数据，这样才能让输入与输出的数据类型保持一致，代码和运行结果如图 1-21 所示。

demo1.py

```
username=input("请输入用户名：")
password=input("请输入密码：")
name=input("请输入姓名：")
gender=input("请输入性别：")
age=input("请输入年龄：")
post=input("请输入职务：")
```

图 1-19　程序代码

demo1

```
D:\py\venv\Scripts\python.exe D:/py/demo1.py
请输入用户名：cqcvc
请输入密码：123456
请输入姓名：张三
请输入性别：男
请输入年龄：19
请输入职务：班长
```

图 1-20　程序运行结果

源代码

```
username=input("请输入用户名：")
password=input("请输入密码：")
name=input("请输入姓名：")
gender=input("请输入性别：")
age=int(input("请输入年龄："))
post=input("请输入职务：")
print(type(age))#未转换数据类型
print(type(age))#转换数据类型
```

运行结果

```
请输入用户名：cqcvc
请输入密码：123456
请输入姓名：张三
请输入性别：男
请输入年龄：19
请输入职务：班长
<class 'str'>
<class 'int'>
```

图 1-21　代码和运行结果

2. 输出转义字符中的特殊字符

转义字符的功能是用普通字符的组合来代替特殊字符，由于其组合后改变了原来字符表示的含义，因此被称为转义字符。简单来说，具有将原有字符转成其他含义字符的字符就叫转义字符。使用转义字符的意义是避免二义性造成系统识别错误。常见的转义字符及其功能如表 1-1 所示，转义字符的验证如图 1-22 所示。如果不想发生转义，可以在字符串前面添加一个“r”，以取消转义字符的功能。

表 1-1　常见的转义字符及其功能

转义字符	功能	转义字符	功能
\n	换行符，将光标位置移到下一行开头	\r	回车符，将光标位置移到本行开头； 将\r 后面的内容移到字符串开头，并逐一替换开头的部分字符，直至将后面的内容完全替换
\t	水平制表符，即 Tab 键，相当于四个空格	\b	退格，即 Backspace 键
\'	输出单引号	\"	输出双引号
\	续行符（在行尾）	\\	输出反斜线

源代码	运行结果
demo2.py ×	demo2 ×
1　print("你好\n中国")	D:\py\venv\Scripts\python.exe
2　print("你好\r重庆")	你好
3　print("你好\t永川")	中国
4　print("你好\b永川")	重庆
5　print("\'\t\"\t \\")	你好　永川
6　print("大胆一点\	你永川
7　　相信自己\	'　'
8　可以的！")	大胆一点　相信自己　可以的！
9　print(r" \'\t\"\t \\")	\'\t\"\t \\

图 1-22　转义字符的验证

教学视频

教学视频

3. 格式化输出

（1）使用字符串取模运算符（%）格式化输出

Python 支持格式化字符串的输出，"%"被称为字符串取模运算符，可用于格式化字符串。常见的格式化符号与描述如表 1-2 所示。

表 1-2　常见的格式化符号与描述

格式化符号	描述
%s	格式化字符串
%d	格式化整数
%f	格式化浮点数，可指定小数点后的小数位数

例如，将以下代码输入 PyCharm 中：

```
print ("我叫%s, 今年%d岁, 身高%.2f米。" % ("小明", 18,1.75))
```

运行程序得到结果为："我叫小明，今年 18 岁，身高 1.75 米。"在 Python 中，格式化字符串的方法与 C 语言中的 printf( )函数类似。上述代码中的"%.2f"表示格式化浮点数，即浮点数被四舍五入到小数点后两位。

（2）使用 format 方法格式化输出

自 Python 2.6 版本开始，字符串类型就提供了 format 方法来对字符串进行格式化，format 方法把"%"替换为"{}"来实现格式化输出。在字符串中先把需要输出的变量值用"{}"来代替，然后用 format 方法来修改，使之成为想要的字符串。默认情况下按照从左往右的顺序自动进行替换，但也可以在"{}"中写入序号，以便让替换的值根据序号改变。同时还可以使用关键字来实现一一对应的赋值替换，其中数字的精度通过在"{}"前加":"进行控制，格式为{:.x f}。格式化输出源代码和运行结果如图 1-23 所示。

源代码

```
demo3.py ×
1  print("你好{}，你好{}".format('中国', '重庆'))
2  print("你好{0}，你好{1}".format('中国', '重庆'))
3  print("你好{1}，你好{0}".format("中国", '重庆'))
4  print("姓名:{name}，年龄:{age}岁,性别:{gender}"
5      .format(age=18,gender="男",name="张三"))
6  print("姓名:{}，身高:{:.2f}米,体重:{:.3f}斤"
7      .format("张三",1.758,132.16))
```

运行结果

```
demo3 ×
D:\py\venv\Scripts\python.exe D:/py/demo3.py
你好中国，你好重庆
你好中国，你好重庆
你好重庆，你好中国
姓名:张三，年龄:18岁,性别:男
姓名:张三，身高:1.76米,体重:132.160斤
```

图 1-23　格式化输出源代码和运行结果

强化训练

自行查找相关案例，根据 Python 程序设计规范编写代码，查询不同对象的数据类型，并实现格式化输出。

 任务小结

通过本次任务的学习和实践，我们掌握了 PyCharm 的下载、安装与使用，了解了输入函数与输出函数的使用方法，能够熟练地使用输入函数进行信息输入、数据类型转换和格式化输出。同时，我们理解了代码规范的目的和意义，代码规范不仅可以增加程序的可读性和可维护性，而且可以促进团队合作，降低维护成本，有助于程序员自身的成长。

任务三　第三方库的安装

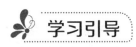 **学习引导**

	知识目标	能力目标（课程素养）	素质目标
学习目标	1. 了解使用 Python 第三方库的意义 2. 了解 Python 常用的第三方库的名称和具体功能 3. 掌握第三方库的安装方法 4. 掌握查看、更新、删除已安装的第三方库的方法	1. 通过 PyCharm 安装第三方库（他山之石 可以攻玉） 2. 通过 pip 命令安装第三方库（透过现象看本质） 3. 能够下载 whl 文件到本地，离线安装第三方库（多一种方法 多一种选择）	1. 培养学生学习 Python 的兴趣 2. 培养学生的自主学习能力

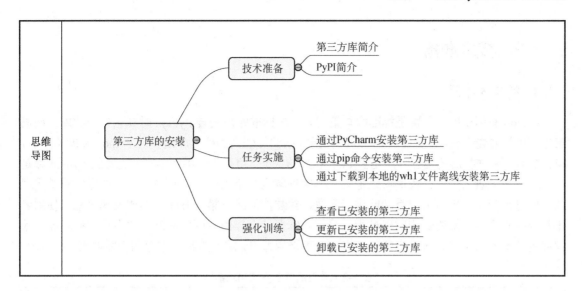

思维导图	

学习任务清单

任务名称	第三方库的安装
任务描述	分别通过 PyCharm、pip 命令和下载到本地的 wh1 文件安装第三方库
任务分析	要完成对报表的相关处理，只需要安装具有报表处理功能的第三方库，再导入、调用即可实现具体功能
成果展示与评价	每个小组成员都需要使用至少两种方法完成第三方库的安装，小组互评后由教师评定综合成绩

 任务描述

在开发高校固定资产管理系统的报表维护模块中，需要进行数据挖掘、数据分析、数据清洗等操作，同时还需要导入各种类型的文件（CSV、JSON、SQL、Excel 等）。Python 拥有类型丰富而且功能强大的第三方库，可以使程序开发更加高效，因此只要先安装拥有报表处理功能的第三方库，再导入、调用即可实现相应功能。本次任务学习使用三种方法来安装第三方库，安装方法如图 1-24 所示。

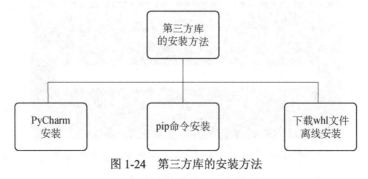

图 1-24　第三方库的安装方法

 **技术准备**

1. 第三方库简介

Python 有两个库，分别是标准库与第三方库。标准库是安装 Python 时默认自带的库，而第三方库则需要先下载，再安装到 Python 的安装目录下。强大的标准库是奠定 Python 发展的基石，丰富的且不断在扩展的第三方库是 Python 壮大的保证。可以说，不断丰富并完善的 Python 库是 Python 真正的魅力所在。我们可以把第三方库理解为一个黑匣子，它先将编程过程中需要实现的功能进行归类，再对某一类功能进行开发、封装，最终以第三方库的形式表现出来。使用者不需要关心它的内部逻辑和实现过程，只需要掌握什么样的库可以帮助其实现具体的功能，根据库的使用方法直接导入对应的第三方库后再调用即可。常用的第三方库和功能如表 1-3 所示。

表 1-3 常用的第三方库和功能

库名	功能	库名	功能
NumPy	数据分析和计算基础库	Flask	轻量级 Web 开发框架
Matplotlib	用于二维数据可视化	WeRobot	微信机器人开发框架
PIL	用于图像处理	SymPy	数学符号计算工具
Scikit-Learn	用于机器学习和数据挖掘	Pandas	高效的数据分析和计算工具
requests	用于 HTTP 协议访问及网络爬虫	Networkx	用于复杂网络和图结构的建模和分析
Jieba	中文分词库	PyQt5	基于 Qt 的专业级 GUI 开发框架
Beautiful Soup	HTML 和 XML 解析器	PyOpenGL	多平台 OpenGL 开发接口
Wheel	Python 第三方库文件打包工具	docopt	Python 命令行解析工具
PyInstaller	用于将 Python 源文件打包为可执行文件	Pygame	小游戏开发框架
Django	Python 最流行的 Web 开发框架		

2. PyPI 简介

PyPI（Python Package Index）是 Python 官方的第三方库的仓库，可以帮助用户查找和安装 Python 社区开发和共享的软件。所有人都可以通过 PyPI 下载第三方库或上传自己开发的库。PyPI 官网首页如图 1-25 所示，从图中可以看到已发布的第三方库达到了几十万种，众多的开发者为 Python 贡献了自己的力量。

图 1-25 PyPI 官网首页

任务实施

1. 通过 PyCharm 安装第三方库

首先，双击桌面的"PyCharm Community Edition"快捷方式打开项目，然后依次单击"File" → "Settings"，在打开的"Settings"对话框中单击"Project: xx"左边的">"（xx 是新建的项目名称），最后单击"Python Interpreter"。此时可以看到已经安装成功的第三方库及版本信息，如图 1-26 所示。

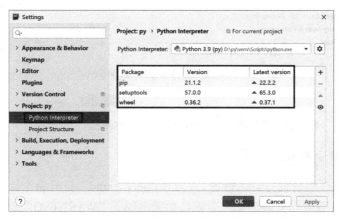

图 1-26　查看已经安装成功的第三方库及版本信息

随后，单击对话框右侧的"+"按钮打开"Available Packages"对话框，在左上方的搜索栏中输入要安装的第三方库名（这里以安装 NumPy 为例）后，PyCharm 会自动搜索输入的第三方库名。此时对话框左侧会列出与该库名类似的第三方库，对话框右上方显示当前库的信息和版本号，对话框右下方的复选框内展示了可下载的库的版本号（如果不勾选"Specify version"选项，则默认下载最新版本），如图 1-27 所示。单击"Install Package"按钮开始自动安装，安装速度与第三方库的大小和网络速度有关。

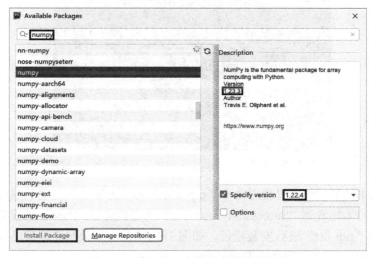

图 1-27　输入第三方库名查看相关信息

安装结束后返回"Settings"对话框，会看到最新安装的第三方库信息和安装成功的提示信息，如图1-28所示。

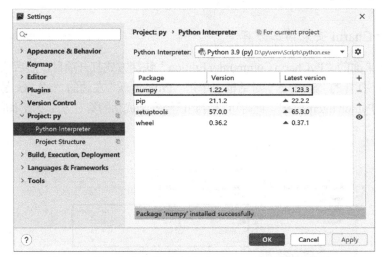

图1-28　第三方库安装成功界面（即"Settings"对话框）

2. 通过 pip 命令安装第三方库

首先使用 Win+R 组合键打开运行窗口，然后输入"cmd"打开命令提示符窗口，在该窗口中输入"pip list"查看已安装的第三方库。如果出现了"WARNING"提示，则说明需要更新 pip 版本，此时只需要先将提示信息后的更新命令复制到提示符后方，然后按下回车键确认即可完成更新，操作步骤如图1-29所示。

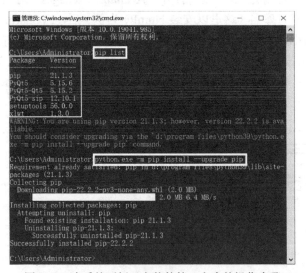

图1-29　查看并更新已安装的第三方库的操作步骤

更新 pip 版本以后，就可以使用命令"pip install 第三方库名"自动下载并安装第三方库了。如果在命令行末尾看到"Successfully installed"即安装成功，Pandas 的安装过程如图1-30所示。使用命令"pip list"进行安装验证，如图1-31所示。如果想要卸载已经安装的第三方库，使用命令"pip uninstall 库名"即可卸载。

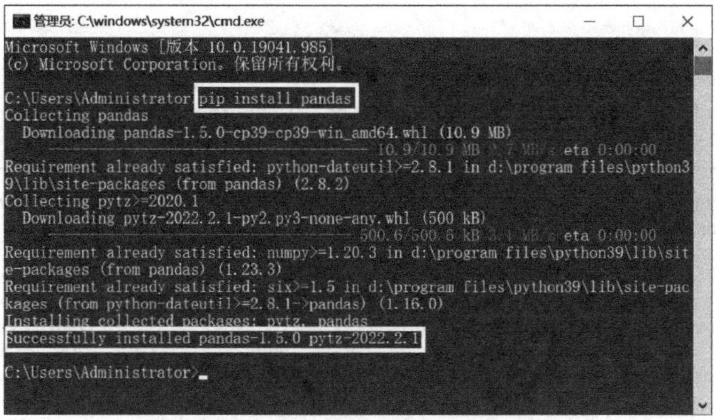

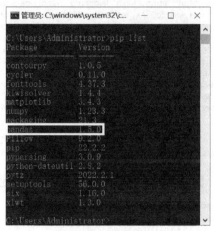

图 1-30 Pandas 的安装过程

图 1-31 安装验证

注意事项：

①某些第三方库之间是有依赖关系的，可以使用命令"pip show 库名"查看；

②使用 pip 命令安装第三方库时，如果安装速度较慢，则可以先在命令"pip install 第三方库名"后加一个参数"-i"，再在该参数后面指定一个国内的镜像链接，即可更快速地安装第三方库（如：pip install numpy -i https://pypi.tuna.tsinghua.edu.cn/simple）。

3. 通过下载到本地的 whl 文件离线安装第三方库

前面介绍的两种第三方库的安装方法都比较方便，只要计算机连接了互联网，就会自动下载和安装第三方库。但是在某些特殊的环境下，或使用前两种方法都安装失败了，那么我们还可以通过下载到本地的 whl 文件离线安装第三方库。在安装第三方库之前，要特别注意这个库所依赖的其他库，一定要先安装这些依赖的其他库才能安装所需的第三方库，否则会报错。同时，在对某一个库进行更新时，也要注意更新它所依赖的其他库，否则也会报错。

这里以安装第三方库 Matplotlib 为例。首先打开资源链接网站，按下 Ctrl+F 组合键快速检索库名"matplotlib"，如图 1-32 所示。

然后单击检索到的库名，跳转到 Matplotlib 第三方库页面，之后根据 Python 版本及操作系统位数下载合适的 whl 文件，如果计算机操作系统位数是 64 位，那么 Python 版本就是 Python 3.9.6。这里选择的是 matplotlib-3.4.3-cp39-cp39-win_amd64.whl，如图 1-33 所示。

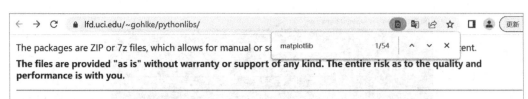

The packages are ZIP or 7z files, which allows for manual or s... ...ent.

The files are provided "as is" without warranty or support of any kind. The entire risk as to the quality and performance is with you.

Index by date: numpy numexpr triangle astropy jsonobject intbitset annoy ahds aggdraw hmmlearn hddm hdbscan glumpy pyfltk numpy-quaternion boost-histogram openexr naturalneighbor mahotas heatmap pycares xxhash fiona fpzip fasttext fastcluster scimath chaco traits enable python-lzo pyjnius pyicu pycifrw bsdiff4 pywinhook netcdf4 gdal pycuda sqlalchemy glfw glymur pystackreg pycryptosat bintrees biopython noise fastremap boost.python cupy xgboost igraph iminuit orjson maturin thinc preshed cymem spacy guiqwt nlopt dulwich jupyter cx_freeze dtaidistance hyperspy pyzmq mod_wsgi kiwisolver pyopencl mercurial peewee atom enaml pandas numcodecs param babel orange pymol-open-source pygresql openpiv cx_logging coverage scikit-image lfdfiles pymatgen ujson reportlab msgpack regex apsw bcolz fabio autobahn pytables lxml freetypepy pytomlpp vispy numba llvmlite wrf_python multiprocess pygit2 yt psygnal fast-histogram h5py imread typed_ast lz4 blis jpype yappi edt statsmodels cython pydantic scikit-learn scipy python-lzf pillow numpy-stl shapely discretize ruamel.yaml simplejson basemap gvar lief protobuf murmurhash leidenalg pyhdf gensim wrapt cf-units udunits bitarray cobra fonttools opencv mkl-service mkl_random mkl_fft curses pyasn rasterio btrees wordcloud fastrlock rtmidi-python sounddevice pyaudio indexed_gzip setproctitle pyturbojpeg pycurl pycosat blosc zopflipy brotli bitshuffle zfpy zstd cramjam twisted fastparquet python-snappy cytoolz pyopengl frozenlist yarl multidict aiohttp icsdll python-ldap cftime psycopg pyproj rtree pygame videocapture vidsrc chebyfit akima transformations psf pywavelets pyrsistent pywinpty markupsafe psutil tornado bottleneck zope.interface greenlet pywin32 pyyaml cairocffi pycairo mplcairo cffi imagecodecs matplotlib tifffile jcc partseg pymongo zodbpickle qutip pyamg pillow-avif-plugin pylibczirw sfepy swiglpk pylibjpeg qdldl debugpy thrift kwant line_profiler fmkr mistune opentsne ets roifile cvxpy cvxopt persistent moderngl dipy iris kivy cmarkgfm tinybrain minepy scs texture2ddecoder zfec aicspylibczi rapidjson lightgbm fisher

图 1-32　检索库名 "matplotlib"

← → C 🔒 lfd.uci.edu/~gohlke/pythonlibs/#matplotlib

Matplotlib: a 2D plotting library.
Requires numpy, dateutil, pytz, pyparsing, kiwisolver, cycler, setuptools, ghostscript, miktex, ffmpeg, mencoder, avconv, or imagemagick.
matplotlib-3.5.2-pp38-pypy38_pp73-win_amd64.whl
matplotlib-3.5.2-cp311-cp311-win_amd64.whl
matplotlib-3.5.2-cp311-cp311-win32.whl
matplotlib-3.5.2-cp310-cp310-win_amd64.whl
matplotlib-3.5.2-cp310-cp310-win32.whl
matplotlib-3.5.2-cp39-cp39-win_amd64.whl
matplotlib-3.5.2-cp39-cp39-win32.whl
matplotlib-3.5.2-cp38-cp38-win_amd64.whl
matplotlib-3.5.2-cp38-cp38-win32.whl
matplotlib-3.5.1-cp37-cp37m-win_amd64.whl
matplotlib-3.5.1-cp37-cp37m-win32.whl
matplotlib-3.4.3-pp38-pypy38_pp73-win_amd64.whl
matplotlib-3.4.3-cp310-cp310-win_amd64.whl
matplotlib-3.4.3-cp310-cp310-win32.whl
matplotlib-3.4.3-cp39-cp39-win_amd64.whl
matplotlib-3.4.3-cp39-cp39-win32.whl
matplotlib-3.4.3-cp38-cp38-win_amd64.whl
matplotlib-3.4.3-cp38-cp38-win32.whl
matplotlib-3.4.3-cp37-cp37m-win_amd64.whl
matplotlib-3.4.3-cp37-cp37m-win32.whl
matplotlib-3.3.4-cp39-cp39-win_amd64.whl

图 1-33　下载合适的第三方库

　　将下载的 matplotlib-3.4.3-cp39-cp39-win_amd64.whl 文件剪切到 Python 安装目录的子目录（D:\Program Files\Python39\Lib\site-packages）下，如图 1-34 所示。

　　在当前地址栏中输入 "cmd" 打开命令提示符窗口，并在命令提示符窗口中输入命令 "pip install matplotlib-3.4.3-cp39-cp39-win_amd64.whl" 进行离线安装，如图 1-35 所示。输入命令 "pip list" 进行安装验证。

图 1-34　whl 文件存储位置

图 1-35　离线安装 Matplotlib

强化训练

根据已学知识查看自己的计算机中已安装的第三方库，并尝试更新、卸载已安装的第三方库。尝试使用第三方库进行游戏开发，绘制静止的小球，可扫描下方二维码查看教学视频。

 任务小结

通过本次任务的学习和实践，我们了解了使用第三方库的意义和常用第三方库的名称和功能，以及 Python 官方的第三方库的下载地址和国内镜像链接的使用，掌握了安装第三方库的三种方法：通过 PyCharm 安装第三方库、通过 pip 命令安装第三方库和通过下载到本地的 whl 文件离线安装第三方库，同时还掌握了第三方库的查询、更新和卸载的方法。目前第三方库已有几十万种，其中的很多第三方库不仅功能强大，而且还十分健壮，因此非常值得我们借鉴和学习。正如牛顿所说："如果说我比别人看得更远些，那是因为我站在了巨人的肩上。"

教学视频　　教学视频

任务四　人机交互

 学习引导

	知识目标	能力目标（课程素养）	素质目标
学习目标	1. 了解 IPO 程序设计模式 2. 了解 Python 流程图符号 3. 掌握注释代码的两种方法	1. 能够完成 IPO 程序设计 （先计划 后行动） 2. 能够根据相应要求，画出流程图 （各司其职 相互合作） 3. 熟练运用注释功能 （严谨 务实 耐心 细致）	1. 培养学生学习 Python 的兴趣 2. 培养学生的自主学习能力 3. 增强学生的人机交互能力
思维导图			

思维导图：

人机交互
- 技术准备
  - IPO程序设计模式
  - Python流程图符号
  - 代码注释
- 任务实施
  - 输入数字后进行四则运算
  - 输入用户信息后格式化输出
- 强化训练
  - 画出四则运算流程图
  - 使用快捷键添加注释和取消注释

 学习任务清单

任务名称	人机交互
任务描述	在 PyCharm 集成开发环境中编写程序，实现数字输入并进行四则运算，同时画出流程图；在高校固定资产管理系统中输入用户信息（用户名、密码、姓名、性别、年龄、职务）并添加注释，最后将上述信息格式化输出到控制台中
任务分析	1. 四则运算：首先通过 input( )函数输入两个数字，并保存到两个不同的变量中。随后，画出流程图，再逐一对两个变量进行加、减、乘、除四种运算，最后将结果输出 2. 格式化输出：首先逐一输入用户的个人信息，并保存到不同的变量中，同时注意不同数据类型的转换，以及添加注释。最后使用 print( )函数搭配 format 方法将用户信息进行格式化输出
成果展示与评价	每个小组成员都需要在输入数字后进行四则运算，在输入用户信息后完成格式化输出，小组互评后由教师评定综合成绩

 任务描述

　　人机交互技术（Human-Computer Interaction Techniques）是指通过计算机的输入设备、输

出设备，以有效的方式实现人与计算机对话的技术。人机交互技术是计算机用户界面设计的重要技术之一。本次任务需要基于高校固定资产管理系统完成两个综合练习，一是输入数字后进行四则运算（画出流程图），二是输入用户信息后格式化输出（添加注释）。

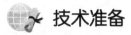 **技术准备**

1. IPO 程序设计模式

程序设计的关键是对问题进行分析和处理，即弄清楚这个问题需要输入的数据是什么，需要的结果是什么。根据输入数据获得输出结果，也就是对输入数据进行处理并获得最终结果的过程被称为算法。通常将程序设计分为三个步骤，即输入数据、处理过程、输出结果，也称为 IPO 程序设计模式。

I（Input）：输入数据，常用的标准输入设备是鼠标和键盘；

P（Process）：处理过程，指中央处理器对存储在内存中的数据进行处理；

O（Output）：输出结果，常用的标准输出设备是显示器。

比如，用户在键盘上输入任意两个数字，经过求和运算，最后把结果输出到显示器屏幕上，这就是一个 IPO 程序设计模式。

2. Python 流程图符号

流程图是用于表示算法流程或代码流程的框图组合，它以不同类型的线框代表不同种类的程序步骤，每两个步骤之间用箭头连接起来。在程序开发中使用流程图有助于规划高效的程序结构，便于与他人交流，也可指导文档撰写。常用的 Python 流程图符号如图 1-36 所示。

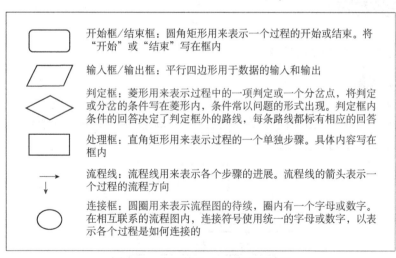

图 1-36　常用的 Python 流程图符号

3. 代码注释

代码注释是程序设计中不可缺少的内容，合适的注释可以增加程序的可读性，方便程序员对代码进行维护。Python 的代码注释有两种形式，一种是单行注释，另一种是多行注释。下面首先介绍单行注释。

①单行注释：以"#"开始，表示本行是注释行，也就是"#"之后的内容是注释信息，当程序执行时，这部分内容会被忽略，代码如下所示：

```
#用户输入成绩
score=float(input("请输入成绩:"))
```

②多行注释：在 PyCharm 中，可以使用快捷键批量添加多行注释，直接选中要添加注释的语句，按下 Ctrl+/组合键即可批量添加多行注释。但是如果使用 Python 官方集成开发环境添加多行注释，就要使用三引号，即用三个单引号""""或者三个双引号""" """"将注释的内容括起来。多行注释通常用来为 Python 文件、模块、类或者函数等添加版权、功能描述等信息，代码如下所示：

```
'''这段程序的功能是:
判断输入成绩是否大于等于60，是则输出及格。'''
score=float(input("请输入成绩:"))
```

特别说明：在 Python 中，如果多行注释（三个单引号或三个双引号）作为语句的一部分出现，就不能再将它们视为多行注释的标记，而应将其看作字符串的标志。比如，将""""Hello,World!""""放在 print()函数中，这时三个单引号内的信息就不再是注释，而是输出的字符串。代码如下所示：

```
print(''' Hello,World! ''')
```

上述代码的执行结果为"Hello，World!"。由此可见，Python 解释器没有将这里的三个单引号看作注释标记，而是将其看作字符串的标志。

 ## 任务实施

1. 输入数字后进行四则运算

（1）画出流程图

在上述技术准备中，我们已经掌握了常用的 Python 流程图符号，现在按任务要求将流程图符号进行组合、连接，画出四则运算中的加法运算流程图，如图 1-37 所示，其余三种运算的流程图与加法运算流程图类似。

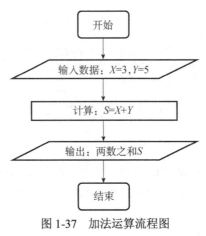

图 1-37　加法运算流程图

（2）输入代码

得到加法运算流程图后，开始程序具体功能的实现。需要特别注意的是，Python 3.x 中的 input( )函数默认接收到的数据类型为字符串类型，将两个字符串类型数据相加，实则实现了字符串连接，而非进行真正的加法运算。如果要进行加法运算，则需要先将字符串类型数据转为浮点型数据，再进行数值之间的加法运算，程序代码如图 1-38 所示。

```
add.py ×
1    # 输入两个数字后进行加法运算并输出结果
2    X=float(input("请输入第一个数字："))
3    Y=float(input("请输入第二个数字："))
4    #加法运算
5    S=X+Y
6    # 输出结果
7    print("{}+{}={}".format(X,Y,X+Y))
```

图 1-38 程序代码

（3）执行代码

执行代码后不会直接给出加法运算的结果，还需要输入参数值。首先需要输入第一个数字"3"，然后按回车键。接着再输入第二个数字"5"，最后再按回车键，随即程序自动输出两数相加之和，输出结果如图 1-39 所示。

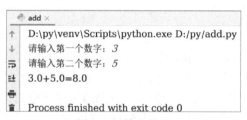

```
add ×
↑    D:\py\venv\Scripts\python.exe D:/py/add.py
↓    请输入第一个数字：3
⇥    请输入第二个数字：5
⇊    3.0+5.0=8.0
🖨
🗑    Process finished with exit code 0
```

图 1-39 输出结果

2. 输入用户信息后格式化输出

首先使用多个 input( )函数完成用户名、密码、姓名、性别、年龄和职务信息的输入，再将输入的不同的个人信息分别保存到不同的变量中。先把字符串中需要输出的变量值用"{}"代替，然后用 format 方法修改，使之成为希望得到的字符串。其中数字的精度通过在"{}"中加":"进行控制，格式为{:.x f}，代码如图 1-40 所示。

```
demo1.py ×
1    #输入用户个人信息后格式化输出
2    username=input("请输入用户名：")
3    password=input("请输入密码：")
4    name=input("请输入姓名：")
5    gender=input("请输入性别：")
6    age=int(input("请输入年龄："))
7    post=input("请输入职务：")
8    #格式化输出
9    print("你的用户名是:{}，密码是:{}。".format(username,password))
10   print("你的姓名:{}，性别:{}，年龄:{}岁，职务:{}。"
11       .format(name,gender,age,post))
```

图 1-40 输入用户信息后格式化输出的代码

在执行代码后先依次输入用户名、密码、姓名、性别、年龄和职务，然后按下回车键确认，即可得到格式化输出的结果如图 1-41 所示。

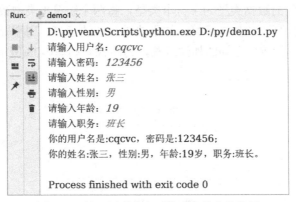

图 1-41　输入用户信息后格式化输出的结果

 任务小结

通过本次任务的学习和实践，我们掌握了 IPO 程序设计模式、Python 流程图符号和代码注释的相关知识，并且能够根据要求熟练地使用流程图符号画出对应的流程图、使用 input( ) 函数完成各种数据类型的信息的输入、使用 print( ) 函数进行格式化输出，同时理解了代码注释的意义，对于复杂的操作应在操作前写上注释，对于不是一目了然的代码应在其行尾添加注释。对于许多程序员来说，编程的基本原则之一就是"让代码自己说话"。

情景二 控制程序的结构

任务一 用户信息的保存

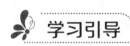 学习引导

	知识目标	能力目标（课程素养）	素质目标
学习目标	1. 熟悉 Python 常用的数据类型 2. 了解列表的相关操作方法 3. 了解元组的相关操作方法 4. 了解字典的相关操作方法	1. 能够编写程序进行整型数据、浮点型数据、布尔型数据和复数型数据的计算 （不积跬步无以至千里） 2. 能够按要求完成列表的创建、访问，并掌握常用的操作方法 （追求真理 踏实认真） 3. 能够按要求实现元组和字典的相关操作 （举一反三 敢闯敢试）	1. 培养学生接受新知识的能力和团队合作的能力 2. 培养学生的自主学习能力
思维导图		用户信息的保存 —— 技术准备 —— 整型数据 / 浮点型数据 / 布尔型数据 / 复数型数据 任务实施 —— 列表的创建、访问和操作方法 / 元组的创建、访问和操作方法 / 字典的创建、访问和操作方法 强化训练 —— 列表、元组、字典的嵌套 / 使用字典保存学生的详细信息	

 学习任务清单

任务名称	用户信息的保存
任务描述	将用户的个人信息（用户名、密码、姓名、性别、年龄等）保存在高校固定资产管理系统中，并实现多用户个人信息的保存与访问

续表

任务分析	列表可以对数据进行增加、删除、修改、查询、统计和排序等操作。首先建立一个空列表用于保存一个或多个用户的个人信息；由于不知道需要保存的具体用户个数，因此使用一个 while 无限循环来重复输入用户信息，将输入的用户信息以键值对的方式保存到一个字典中；再使用列表的 append( )方法将字典追加到列表中
成果展示与评价	每个小组成员都需要完成单个用户信息的保存与访问，小组合作完成多个用户信息的保存与访问，小组互评后由教师评定综合成绩

 ## 任务描述

用户管理模块具有增加、删除、修改和查询用户信息等功能。如果要进行用户信息的删除、修改和查询操作，就需要将用户信息增加到高校固定资产管理系统中，增加的用户信息包含用户名、密码、姓名、性别、年龄等不同数据类型的信息。我们熟悉的整型和浮点型数据类型都只能处理单个元素对象，如果要将多个不同数据类型的元素对象放在一起，就需要使用列表或字典。

 ## 技术准备

教学视频

1. 整型数据

整型数据就是常见的整数，它不带小数点，可以是正整数或负整数。

整型数据的四种表现形式如下。

十进制（Decimal）整数：正常显示。

二进制（Binary）整数：以"0b"开头。

八进制（Octal）整数：以"0o"开头。

十六进制（Hexadecimal）整数：以"0x"开头。

如果输入的是十进制整数，我们可以直接写"x=0""y=15""z=256"。这里需要说明的是，Python 对整型数据的精度范围限制并不像其他编程语言一样明确。从理论上讲，存储多大的整型数据是由硬件结构决定的，也就是由内存容量或 CPU 的运算范围决定的，因此整型可以处理很大的数据，如 x=999999999999999999999999999999999。

如果输入的是负数"a=-10""b=-100""c=-1000"，那么在声明整型数据后，可以使用 Python 内置函数 type( )来查询对象的数据类型，即直接在 Python 提示符后输入"type(a)"，根据查询结果可知，刚才声明的 a 是整型变量。

目前我们看到的数据都是十进制数，其实也可以用二进制、八进制和十六进制数来声明一个整数。比如，如果要以二进制数声明一个整数 i，i 的二进制数为 1101，此时只需在 1101 前面加上"0b"（b 是 binary 的缩写），即"i=0b1101"。在输出 i 后，发现 i 的值不是 1101，而是 13，如图 2-1 所示。

同理，我们也可以声明一个八进制整数。八进制整数以"0o"开头，因为"0"和"o"看上去比较像，所以大家要注意区分。在提示符后输入"j=0o127"，再输出 j，发现 j=87。十六进制整数以"0x"开头，在输入"k=0x1ff"后再输出 k，发现 k=511，操作过程如图 2-2 所示。虽然八进制整数和十六进制整数看起来没有二进制整数这么直观，但在某些特定的场景或遇到特定数据类型结构的时候，它们还是比较适用的。

图 2-1　声明二进制整数

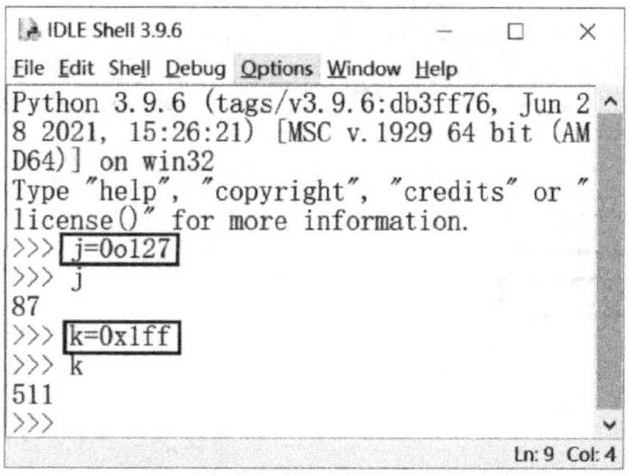

图 2-2　声明八进制整数和十六进制整数的操作过程

2. 浮点型数据

浮点型数据是常见的带有小数的数。浮点型数据有两种表现形式：小数形式（十进制）和指数形式（科学计数法）。

声明一个浮点型数据"f=3.14"，通过内置函数 type( )查询变量 f 的数据类型，可以看到变量 f 的数据类型属于"float 型"，也就是我们通常说的浮点型。如果数值比较长，则可以使用指数表示，即科学计数法，比如：f=3.14e9，表示 f=3.14×10^9，操作过程如图 2-3 所示。

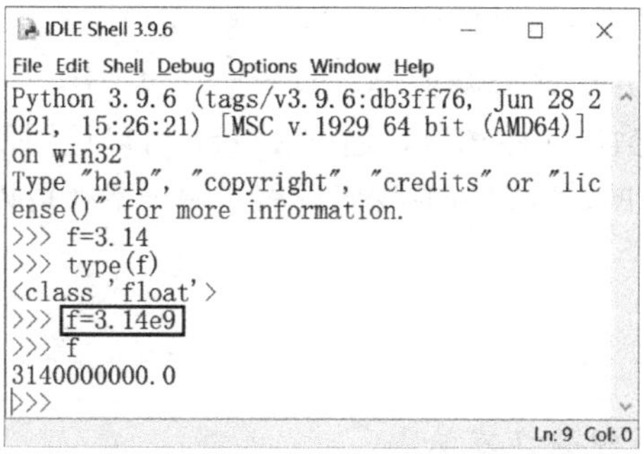

图 2-3　声明浮点型数据的操作过程

3. 布尔型数据

布尔型数据用于表示事物的两种状态：真或假（True 或 False），没有第三种状态。真、假两种状态分别对应整型数据 1 和 0。

Python 中的任何空值都被视为假，包括 False、None、0、[ ]、（）、{ }。

我们在 Python 标准集成开发环境中测试 True、False 与 1、0 的关系。输入"True==1"，注意，这里输入的是两个"="，用于判断"=="前后的值是否相等，得到的结果是 True；输入"False==0"，得到的结果也是 True。测试结果表明，True、False 与 1、0 一一对应。

在某些编程语言中，大于 0 的结果都是 True，那在 Python 中也是这样吗？我们测试"True==3"，得到的结果是 False；测试"False==-1"，得到的结果也是 False，因此 Python 中的 True 和 False 只与 1 和 0 相对应。

我们可以直接把 True 当作 1 来使用，把 True 直接写在表达式中，如"x=5+True"，输出 x 的值为 6；同理，也可以把 False 当作 0 来使用，表达式为：y=1+False，输出 y 的值是 1，操作过程如图 2-4 所示。

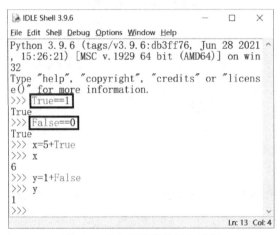

图 2-4　布尔型数据的操作过程

4. 复数型数据

复数（Complex）由实数部分（实部）和虚数部分（虚部）构成，虚数部分必须由小写英文字母 j 或大写英文字母 J 组成，并且实部和虚部都是浮点数。

例如，声明两个复数：x=1+4j，y=5-3j。

复数的加法：实部加实部，虚部加虚部，即 x+y= (6+1j)。

复数的减法：实部减实部，虚部减虚部，即 x-y= (-4+7j)。

通过 x.real 可以返回复数的实数部分，通过 x.imag 可以返回复数的虚数部分。

复数一般用来计算复杂的数据，目前我们只需了解一下就可以了。

 任务实施

1. 列表的创建、访问和操作方法

（1）列表的创建

教学视频

列表（List）是 Python 的一种内建结构数据类型，它把所有元素放在一对方括号（[]）内，并用逗号（，）分隔，同一个列表中的元素可以是不同数据类型的。列表是一种可变序列，可以对元素进行增加、修改、删除等操作。

在创建列表时可以用逗号分隔不同的数据项，再使用方括号括起来。下面来看一个代码实例，首先声明一个列表 x，在等号后用方括号声明整数：1、2、3、4，再使用 type( )查询 x 的类型，可以看到 x 属于列表类型，代码如下：

```
>>> x=[1,2,3,4]
>>> type(x)
<class 'list'>
```

再声明一个列表 y，让列表 y 包含不同数据类型的元素，此时列表 y 中的元素 1、'a'、'python'、9.9 分别对应整型数据、字符串型数据、字符串型数据和浮点型数据，代码如下：

```
>>> y=[1,'a','python',9.9]
>>> type(y)
<class 'list'>
```

最后声明一个列表 z，让列表 z 再包含一个列表。在列表中再添加一个列表，这就是列表的嵌套，操作代码如下。

```
>>> z=[3,5.8,'cq',[3.1,'yc']]
>>> type(z)
<class 'list'>
```

由此可见，列表是可以包含任意元素的有序集合。

（2）列表的访问

使用下标索引来访问列表中的值，下标索引值可以从左往右以 0 开始依次增加，也可以从右往左以−1 开始依次减小，下标索引访问规则如图 2-5 所示。

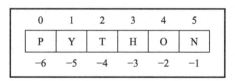

图 2-5　下标索引访问规则

针对前面已经声明的列表 y，如果想访问该列表中的第一个元素，则可以使用下标索引来访问，代码如下：

```
>>> y
[1, 'a', 'python', 9.9]
>>> y[0]
1
```

当然也可以访问某一个范围内的列表元素，比如访问列表 y 的第一个元素至第三个元素，代码如下：

```
>>> y
[1, 'a', 'python', 9.9]
>>> y[0:3]
[1, 'a', 'python']
```

完整的切片表达式使用 2 个冒号来分隔 3 个参数，即[start：stop：step]，第一个数字表示切片开始的位置（默认为 0），第二个数字表示切片截止的位置（默认为列表长度），第三个数字表示切片的步长（默认为 1），当省略步长时可以省略最后一个冒号，代码如下：

```
>>> z[::-1]
['python', 3.14, 9, 'yc', 8, 'cq', 7, 'cn', 1]
>>> z[5::-1]
['yc', 8, 'cq', 7, 'cn', 1]
>>> z[-3:-6:-1]
[9, 'yc', 8]
```

（3）列表的常用操作方法

Python 提供了丰富的内置方法来操作列表，可将这些内置方法表示为：列表.具体方法=实现具体功能，列表的常用操作方法如表 2-1 所示。

表 2-1　列表的常用操作方法

序号	方法	分类	功能描述
1	列表.append(object)	增加	在列表的尾部追加元素
2	列表.insert(index , object)	增加	在列表的某个位置插入一个元素
3	列表 1.extend(列表 2)		将列表 2 扩充到列表 1 后面
4	列表.remove(value)	删除	删除列表中指定的第一个元素
5	列表.pop(index)		删除列表中的指定索引的元素
6	列表.clear( )		清空列表中的所有元素
7	列表[index] = object	修改	修改列表中的指定索引的元素
8	列表.index(value)	查询	返回某元素在列表中的位置，未找到则报错
9	列表.count(value)	统计	返回列表中某元素出现的次数
10	列表.sort(reverse=False)	排序	将列表中的元素按升序排列
11	列表.reverse( )		将列表中元素的顺序颠倒

Python 还提供了一些与列表相关的内置函数，使用内置函数实现相应的功能能够达到事半功倍的效果，如表 2-2 所示。

表 2-2　与列表相关的内置函数

序号	函数	功能描述
1	len(列表)	返回列表中的元素个数
2	max(列表)	返回列表中的元素最大值
3	min(列表)	返回列表中的元素最小值
4	sum(列表)	返回列表中的所有元素的和

2. 元组的创建、访问和操作方法

（1）元组的创建

我们已经掌握了列表的创建、访问和操作方法，现在要学习的元组（Tuple）与列表比较类似，不同之处在于列表元素放在方括号中，元组元素放在圆括号中；

教学视频

列表元素可以修改，而元组元素不可以修改。

元组是 Python 的一种内建结构数据类型，它把所有元素放在一对圆括号内，并以逗号（,）进行分隔，同一个元组中的元素可以是不同的类型。元组属于不可变序列，一旦创建就不可以修改、删除元素。

首先声明一个空列表，可以用"li=[ ]"表示。同理，声明一个空元组，可以用"tu=( )"表示。

然后声明一个元组 x，元组 x 包含四个整数：1、2、3、4，即"x=(1,2,3,4)"，输出元组 x 查看结果。

最后再声明一个元组 y，让元组 y 包含不同类型的元素，输出元组 y 查看结果，发现元组和列表一样，元组中的元素也可以是不同类型的，操作代码如下：

```
>>> li=[]
>>> type(li)
<class 'list'>
>>> tu=()
>>> type(tu)
<class 'tuple'>
>>> x=(1,2,3,4)
>>> type(x)
<class 'tuple'>
>>> y=(1, 'a', 'python', 9.9)
>>> type(y)
<class 'tuple'>
```

（2）访问元组中的值

同列表一样，元组也可以使用下标索引来访问元组中的值，下标索引值可以从左往右以 0 开始依次增加，也可以从右往左以-1 开始依次减小。访问上文声明的元组 y 中的值的操作代码如下：

```
>>> y
(1, 'a', 'python', 9.9)
>>> y[0]
1
>>> y[-1]
9.9
>>> y[1:3]
('a', 'python')
```

（3）元组的操作方法

元组只有两种操作方法，分别是 index( ) 和 count( )，如表 2-3 所示。

表 2-3　元组的操作方法

序号	方法	功能描述
1	tuple.index(value,[start[,stop]])	返回某元素在元组中的位置
2	tuple.count(value)	返回元组中某元素出现的次数

3. 字典的创建、访问和操作方法

（1）字典的创建

字典是 Python 的一种内建结构数据类型，它的每个元素都以键值对的形式存在，并用"{ }"将所有元素括起来，各元素之间用","进行分隔。字典与列表、元组的主要不同之处是字典是无序的，其元素的访问通过"键"实现，而不是通过元素的位置实现的，并且字典中的"键"不能重复。

声明一个空字典 d1，即"d1={ }"，直接输出 d1 后看到 d1 是空的。通过 type( )函数检查 d1 的类型，确定 d1 属于字典类型。接下来创建一个包含键值对数据的字典 d2，即"d2={'python':1,'c':2,'java':3}"，代码如下：

```
>>> d1={}
>>> type(d1)
<class 'dict'>
>>> d2={'python':1,'c':2,'java':3}
>>> type(d2)
<class 'dict'>
```

当然，我们也可以将采用"参数名=值"的形式将保存的元素转换成字典。比如，一条学生信息包括 3 项内容："name='张三'""age=19""gender='male'"，现将这条信息通过 dict( )函数转换为字典 d3，代码如下：

```
>>> d3=dict(name='张三',age=19,gender='male')
>>> type(d3)
<class 'dict'>
```

注意：在声明字典时，键可以不加引号，因为程序会给键自动添加引号。

（2）访问字典中的值

在对列表的学习中，我们知道了列表是通过下标索引进行访问的，那么字典的访问形式和列表的访问形式一样吗？我们访问之前声明的字典 d3 的第一个元素，在集成开发环境中输入"d3[0]"，并按回车键，结果返回错误信息，说明字典不能使用下标索引访问元素。实际上，访问字典中的值是通过"键"实现的，并且键是不变的。如果要访问第一个元素的值，应该通过第一个元素的键来访问，操作代码如下：

```
>>> d3
{'name': '张三', 'age': 19, 'gender': 'male'}
>>> d3[0]
Traceback (most recent call last):
  File "<pyshell#62>", line 1, in <module>
    d3[0]
KeyError: 0
>>> d3['name']
'张三'
```

但是通过键访问值也有一个问题，就是要确保当前访问的键是存在的，并且键名要拼写正确，因为 Python 是区分字母大小写的，这种情况在实际开发过程中经常会遇到，所以一定要注意这一问题。比如将刚才访问的键"name"的第一个字母由"n"换成"N"，重新访问就

会出现键错误的问题,提示找不到"Name"这个键。从以下代码可以看出,访问字典中的值可以通过 get( ) 方法实现。

```
>>> d3.get('name')
'张三'
>>> d3.get('Name')
>>>
```

使用这种方法和通过键访问值的效果是一样的,但通过 get( ) 方法访问值有一个好处,就是当键不存在时,程序也不会出现异常。

(3)修改字典中的值

如果要将字典 d2 中的键"python"对应的值由 1 改为 10,只需直接将新值赋给键就可以了。先输入"d2 ['python']=9",再输出 d2 的内容,发现键"python"对应的值已经更新了,代码如下:

```
>>> d2
{'python': 1, 'c': 2, 'java': 3}
>>> d2['python']=9
>>> d2
{'python': 9, 'c': 2, 'java': 3}
```

如果要新添一个键值对,只需直接将值赋给一个新的键就可以了。比如,要在字典 d2 中再增加一门编程语言"c#",可直接输入:d2 ['c#']=4,按回车键就可以在字典 d2 中添加一个新键"c#",键值为 4,代码如下:

```
>>> d2
{'python': 9, 'c': 2, 'java': 3}
>>> d2['c#']=4
>>> d2
{'python': 9, 'c': 2, 'java': 3, 'c#': 4}
```

(4)字典的操作方法

Python 提供了丰富的内置方法用于操作字典,字典的常用操作方法如表 2-4 所示。

表 2-4 字典的常用操作方法

序号	方法	功能描述
1	dict.clear( )	清空字典
2	dict.copy( )	复制字典
3	dict.get(k,[default])	获得 k(键)对应的值,若不存在不会报错
4	dict.items( )	获得由键和值组成的元组
5	dict.keys( )	获得键的迭代器
6	dict.pop(k[,d])	删除 k(键)对应的键值对
7	dict.update(dict2)	从另一个字典更新当前字典的元素的值,如该元素不存在,则添加此元素
8	dict.values( )	获得值的迭代器
9	dict.fromkeys(seq[,value])	创建一个新字典,以序列 seq 的元素作为字典的键,value 为字典的所有键的初始值

字典是可以包含任意元素的有序集合，可以通过键访问值，且字典长度可变、支持嵌套。

4. 用户信息的保存

因为列表可以对数据进行增加、删除、修改、查找、统计和排序操作，所以要建立一个空列表用于保存用户的个人信息。由于不知道需要保存的具体用户数，因此先使用一个 while 无限循环来输入用户信息，将输入的用户信息以键值对的方式保存到一个字典中。再使用列表的 append( ) 方法将字典追加到列表中；最后提示"恭喜，用户信息保存成功!"，代码和运行效果如图 2-6 所示。

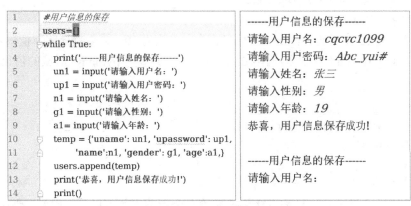

图 2-6　保存用户信息的代码和运行效果

注意：以上代码虽然实现了多用户信息的保存，但即使用户信息已经录入完毕，程序也会永无休止地要求输入用户信息。怎么才能让程序按照用户的实际需求灵活响应呢？这就需要同学们继续学习下一个任务中关于流程控制的相关知识点。

强化训练

请根据本次任务所学知识上网查询并学习列表、元组、字典的嵌套是如何实现的，并尝试使用字典保存学生的详细信息。

 任务小结

通过本次任务的学习和实践，我们熟悉了 Python 常用的数据类型和内建结构数据类型，并且熟练地掌握了列表、元组、字典的创建、访问和操作方法。

保存多个用户的个人信息，首先要建立一个空列表备用，再逐一将不同用户的详细信息收集起来，以键值对的方式保存到字典中，最后使用列表的 append( ) 方法将字典追加到列表中保存即可。当然，上述方法只暂时使用，建议同学们在学习了文件或数据库的操作以后，将重要的信息保存到文件或数据库中。

同学们要强化个人信息保护意识，在生活、学习中养成保护个人信息的习惯。如向他人提供身份证等重要证件的复印件时，最好显著标识此复印件的用途；一些带有个人敏感信息的电子数据，如电子证件照等，建议用完立即删除，或者采用加密方式进行存储；带有关键信息的快递单据需先涂抹关键信息再丢弃等。

任务二　流程控制

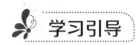

教学视频

	知识目标	能力目标（课程素养）	素质目标
学习目标	1. 熟悉顺序结构程序设计 2. 了解缩进的规则和作用 3. 掌握四种分支语句 4. 掌握两种循环语句	1. 能够根据实际情况灵活运用不同分支语句来实现相应功能 （举一反三　融会贯通） 2. 能够按照要求编写 while 循环语句或 for 循环语句，解决常见的重复事务 （细致耐心　踏实认真）	1. 培养学生接受新知识的能力和团队合作的能力 2. 培养学生的自主学习能力
思维导图	流程控制 技术准备 — 顺序结构程序设计 / 缩进的规则和作用 / 分支结构程序设计 任务实施 — while循环语句 / for循环语句 强化训练 — 代码复现：使用循环语句打印九九乘法表		

 学习任务清单

任务名称	流程控制
任务描述	使用循环语句打印九九乘法表
任务分析	打印九九乘法表需要使用循环嵌套的方式，首先设外层循环的 i 为被乘数（取值范围为 1～9）、内层循环的 j 为乘数（取值范围为 1～i）；然后在内层循环的循环体中加入九九乘法表的格式化输出语句；最后在外层循环的循环体中加入换行输出语句
成果展示与评价	每个小组成员都需要使用 while 循环语句和 for 循环语句打印九九乘法表，小组互评后由教师评定综合成绩

 任务描述

九九乘法表是由被乘数乘以乘数得到的，将被乘数设置在外层循环中，取值范围为 1～9；

将乘数设置在内层循环中，取值范围为1～i。在内层循环的循环体中加入格式化输出语句完成九九乘法表的打印，可以加入"\t"（水平制表符）转义字符让输出结果更加美观；在外层循环的循环体中加入换行输出语句，即内层循环每结束一轮循环则换行。

 **技术准备**

教学视频

1. 顺序结构程序设计

顺序结构程序设计是将程序的执行顺序按代码的书写顺序进行设计的过程。写在前面的代码先执行，写在后面的代码后执行，顺序结构程序的执行过程如图2-7所示。

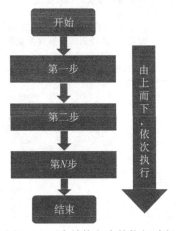

图2-7　顺序结构程序的执行过程

2. 缩进的规则和作用

Python 通过缩进体现代码之间的逻辑关系，即层次结构。Python 的代码块是指从第一行代码尾部的冒号（:）及下一行代码的自动缩进开始，直到缩进结束的部分。同一级别的代码块的缩进量必须相同，请同学们分析如下代码的执行结果。

```
>>> k=0
>>> for i in range(1,11):
    k=i+i
    print(i)
    print(k)
```

在以上代码中，for 循环的语句块是从"："开始的，其后的三条语句都是 for 循环的语句块，每执行一次循环，这三条语句都会被执行一次，因为它们的缩进量相同。

此时，如果将"print(k)"语句前面的自动缩进删除，运行结果会发生变化吗？

当手动将"print(k)"语句前面的自动缩进删除后，运行结果会发生变化。这是因为"print(k)"语句前面没有缩进，它就不再属于 for 循环的语句块，所以不会重复输出 k 的值，只有到 for 循环结束才会输出 k 的值。

在流程控制语句中经常使用缩进，现在只暂时了解一下，待学习了运行条件或循环语句后就可以直观地看到缩进的效果了。

3. 分支结构程序设计

（1）单分支语句

```
if 表达式:
    语句块
```

当表达式的值为 True 或其他等价值（即非空非零）时，表示满足条件，语句块将被执行，否则该语句块不被执行。在表达式中添加英文格式下的冒号（:）表示结束，在按回车键换行后，Python 代码会自动缩进四个空格。接下来看一个实例，通过键盘输入成绩，如果成绩大于等于 60 分则显示"及格"。

```
score = float(input("请输入成绩:"))
if score >=60:
    print("及格")
```

单分支语句只有一个 if 表达式，当满足表达式时，只能得到一个结果。如果想根据输入的不同成绩返回两个不同的结果，则要使用双分支语句。

（2）双分支语句

```
if 表达式:
    语句块 A
else:
    语句块 B
```

当表达式的值为 True 或者其他等价值（即非空非零）时，执行语句块 A，否则执行语句块 B。也就是说，在执行双分支语句时，只会执行其中一个分支。

下面拓展单分支语句的功能，如果输入的成绩大于等于 60 分则显示"及格"，否则显示"不及格"，代码如下：

```
score = float(input("请输入成绩:"))
if score >=60:
    print("及格")
else:
    print("不及格")
```

如果有两个以上的条件，就要使用多分支语句了。

（3）多分支语句

```
if 表达式A:              # 首先计算表达式A，如果其值为
    语句块 A             # True或者是非空非零的值，则执行语句块A；
elif 表达式B:            # 否则计算表达式B，如果其值为
    语句块 B             # True或者是非空非零的值，则执行语句块B；
elif 表达式C:            # 否则计算表达式C，如果其值为
    语句块 C             # True或者是非空非零的值，则执行语句块C。
    ...                 # 以此类推，如果所有表达式计算的结果
else:                   # 都为False（空值或0），则执行else
    语句块 N             # 后的语句块N。
```

　　使用多分支语句将不同成绩段分别对应五个不同的等级：成绩在 90 分及以上为"优秀"，80～89 分为"良好"，70～79 分为"中"，60～69 分为"及格"，60 分以下为"不及格"，代码如下：

```
score =float(input("请输入成绩:"))
if score >=90:
    print("优秀")
elif score >=80:
    print("良好")
elif score >=70:
    print("中")
elif score >=60:
    print("及格")
else:
    print("不及格")
```

　　（4）分支嵌套语句

　　嵌套是一种包含关系，当外层的分支表达式 A 成立时，才执行内层的分支表达式 B，分支嵌套语句的格式如图 2-8 所示。

图 2-8　分支嵌套语句的格式

　　首先计算表达式 A，如果其值为 True 或者为非空非零的值，则计算表达式 B。如果表达式 B 的值为 True 或者为非空非零的值，则执行语句块 B，否则执行语句块 C。如果表达式 A 的值为 False（空值或零），则执行语句块 D。

　　下面使用分支嵌套语句来显示成绩，如果成绩在 90 分及以上则显示"优秀"；如果成绩大于等于 60 分且小于 90 分，显示"合格"；如果成绩小于 60 分则显示"不合格"，代码如下：

```
score = float(input("请输入成绩:"))
if score>=60:
    if score>=90:
        print("优秀")
    else:
        print("合格")
else:
    print("不合格")
```

　　分支语句又被称为条件语句或选择语句，通常分为单分支语句、双分支语句、多分支语句和分支嵌套语句四种类型。

单分支语句：如果表达式的值为真，则执行语句块，否则不执行。

双分支语句：如果表达式的值为真，则执行语句块 A，否则执行语句块 B，只执行语句块 A 或语句块 B 的其中一个分支语句块。

多分支语句：按照从上往下的顺序执行，逐个表达式进行比较，当表达式的值为真时，执行该分支语句块，并且不再执行该语句块后的代码，此时程序跳出多分支语句，并执行多分支语句后面的代码。

分支嵌套语句：当外层的分支表达式 A 为真时，才执行内层的分支表达式 B，否则内层的分支表达式 B 不被执行。

 ## 任务实施

教学视频

1. while 循环语句

（1）while 循环语句格式

```
while 表达式:
    语句块
```

while 循环语句可以解决重复执行程序的问题，其重复执行的次数由循环条件决定，当满足循环条件时，则重复执行某程序片段，直到循环条件不成立为止。反复执行的程序片段被称为循环体。循环条件必须在循环体中发生改变，否则可能会出现无限循环的问题。因为 Python 是区分字母大小写的，所以在编写 while 循环语句的时候，注意都要使用小写字母，否则会出现语法错误。

执行 while 循环语句时，首先计算表达式的值，如果表达式的值为 True（即非空非零），则执行语句块。执行完语句块后，再一次计算表达式的值，如果表达式的值仍然为 True（即非空非零），则继续执行语句块；如果表达式的值为 False（即空值或零），则结束 while 循环语句，while 循环语句的执行流程图如图 2-9 所示。

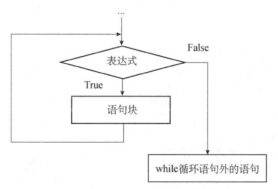

图 2-9　while 循环语句的执行流程图

（2）while 循环语句示例

①使用 while 循环语句求出 1 到任意正整数的所有整数的和。

示例分析：用户输入一个正整数 n，先声明一个循环计数变量 count，再声明一个存放求和结果的变量 sum。接着开始循环，当循环计数变量 count 的值小于等于 n 时，while 循环将重复执行，每执行一次，都将给 sum 的值加上当前 count 的值，且 count 的值再加 1。返回表达式中再次判断循环计数变量 count 的值是否小于等于 n，直到表达式的值为 False 时，结束循环。

IPO 程序设计模式分析如下：

I（输入数据）：输入任意的正整数 n。

P（处理过程）：从循环计数变量等于 1 开始，到循环计数变量等于 n 结束，期间重复进行求和计算。处理过程流程图如 2-10 所示。

O（输出结果）：输出 1+2+⋯+n 的和。

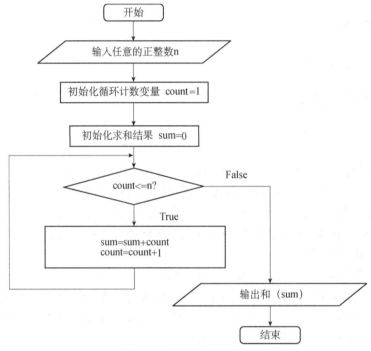

图 2-10　处理过程流程图

程序代码如下：

```
#求1+2+...+n的和
n=int(input("请输入求和的终止值："))
#初始化
count=1
sum=0
#while循环求和并计数
while count <= n:
      sum= sum + count
      count = count + 1
#输出结果
print("1+2+...+%d=%d"%(n,sum))
```

如果输入求和的终止值为 100，则程序运行后输出的结果为：1+2+⋯+100=5050。

②使用 while 循环语句打印九九乘法表。

使用 while 循环语句打印九九乘法表的程序代码如下。

```
#使用 while 循环语句打印九九乘法表
i=1                        #被乘数 i
while i<=9:
    j=1                    #乘数 j
    while j<=i:            #当乘数 j 小于等于被乘数 i 时
        print(('%d*%d=%d')%(j,i,j*i),end=' ')
        j=j+1             #循环条件的值加 1
    i=i+1
print()
```

2. for 循环语句

（1）for 循环语句格式

教学视频

```
for  <取值>  in  <序列或迭代对象>:
     语句块 A
else:
     语句块 B
```

for 循环语句的执行步骤如下：

①从序列或迭代对象中依次取一个值；

②执行语句块 A；

③重复步骤①和步骤②，直到序列或迭代对象的值全部取完。如果有 else 语句，则执行语句块 B，执行完毕则结束 for 循环，然后执行 for 循环后的语句；如果没有 else 语句，则结束 for 循环，执行 for 循环后的语句。

（2）使用 for 循环语句遍历迭代对象

```
string="python"
for i in string:
     print(i)
```

上述代码先声明了一个字符串 string，并将"python"赋值给字符串 string。接着开始循环，迭代变量 i 用于存放从字符串 string 中读取出来的元素，循环体输出迭代变量 i 中存放的元素，运行结果如下：

```
p
y
t
h
o
n
```

使用 for 循环语句遍历迭代对象时，先将迭代对象中的元素一个个取出来，并赋值给变量 i，再循环输出 i 的值。for 循环遍历的迭代对象可能是列表、元组和字符串。

（3）for 循环中的 range( )函数

range( )函数是 Python 的内置函数，它可以用来创建一个整数序列，通常用在 for 循环中，首先我们来看一下 range( )函数的使用方法。

```
range( start, stop[, step] )
```

参数说明：

● start：计数从 start 开始，默认从 0 开始。

例如：range(5)等价于 range(0, 5)。

● stop：计数到 stop 结束，但不包括 stop（需要特别注意）。

例如：range(0, 5)的范围是[0, 1, 2, 3, 4]，不包括 5。

● step：步长，默认为1。

例如：range(0, 5)等价于 range(0, 5, 1)。

我们可以用以上列举的三种方式来调用 range( )函数，即分别使用一个参数、两个参数和三个参数调用函数。

① range(stop)。

当使用一个参数调用 range( )函数时，将会得到一系列数字，这些数字从 0 开始，到 stop 结束（但不包括 stop），代码如下：

```
>>> a=list(range(7))
>>> a
[0, 1, 2, 3, 4, 5, 6]
```

② range(start, stop)。

当使用两个参数调用 range( )函数时，不仅要确定数字序列停止的位置，而且还要确定从哪里开始，开始位置的数字不一定取 0，代码如下：

```
>>> b=list(range(3,7))
>>> b
[3, 4, 5, 6]
```

③ range(start, stop, step)。

当使用三个参数调用 range( )函数时，不仅可以选择数字序列的开始位置和停止位置，还可以设置一个数字与下一个数字之间的步长（如果不提供 step，则步长默认为 1），代码如下。

注意：step 可以是正数，也可以是负数，但一定不能为 0。

```
>>> c=list(range(3,9,2))
>>> c
[3, 5, 7]
>>> d=list(range(-2,-9,-2))
>>> d
[-2, -4, -6, -8]
```

（4）使用 for 循环语句打印星号矩阵图

使用 for 循环语句打印星号矩阵图的程序代码如下：

```
for i in range(1,5):
    for j in range(1,6):
        print('*',end='\t')
    print()
```

以上代码的运行结果是一个四行五列的星号矩阵图，具体如下：

```
*    *    *    *    *
*    *    *    *    *
*    *    *    *    *
*    *    *    *    *
```

（5）使用 for 循环语句打印九九乘法表

使用 for 循环语句打印九九乘法表的程序代码如下：

```
# 使用 for 循环语句打印九九乘法表
for i in range(1,10):                          #外层循环 i(1~9)为被乘数
    for j in range(1,i+1):                     #内层循环 j(1~i)为乘数
        print('%d * %d = %d'%(i,j,i*j),end=' ' )
    print()
```

以上代码的运行结果如下：

```
1 * 1 = 1
2 * 1 = 2 2 * 2 = 4
3 * 1 = 3 3 * 2 = 6 3 * 3 = 9
4 * 1 = 4 4 * 2 = 8 4 * 3 = 12 4 * 4 = 16
5 * 1 = 5 5 * 2 = 10 5 * 3 = 15 5 * 4 = 20 5 * 5 = 25
6 * 1 = 6 6 * 2 = 12 6 * 3 = 18 6 * 4 = 24 6 * 5 = 30 6 * 6 = 36
7 * 1 = 7 7 * 2 = 14 7 * 3 = 21 7 * 4 = 28 7 * 5 = 35 7 * 6 = 42 7 * 7 = 49
8 * 1 = 8 8 * 2 = 16 8 * 3 = 24 8 * 4 = 32 8 * 5 = 40 8 * 6 = 48 8 * 7 = 56
8 * 8 = 64
9 * 1 = 9 9 * 2 = 18 9 * 3 = 27 9 * 4 = 36 9 * 5 = 45 9 * 6 = 54 9 * 7 = 63
9 * 8 = 72 9 * 9 = 81
```

for 循环语句可以简单、方便地解决重复执行程序的问题，常用于遍历字符串、列表、元组、字典。循环次数由序列或迭代对象的数目决定，循环变量依次从序列或迭代对象中取一个值，直到全部取完。如果有 else 语句，则执行 else 语句后的语句块。如果没有 else 语句，则结束 for 循环，执行 for 循环后面的语句。

┌ 强化训练 --
│
│   代码复现：使用循环语句打印九九乘法表。
│
└--

 任务小结

通过本任务的学习和实践，我们熟悉了四种分支语句、两种循环语句的使用方法、格式和注意事项，并且熟练地使用流程控制语句来开发相应的功能。

在通常情况下，多分支语句只会执行其中的一个分支，当某一分支表达式的值为真时，执行该分支语句块，并且不再执行该分支语句块后的代码，而是跳出多分支语句，执行多分支语句后面的代码。在使用循环语句时要特别注意，循环条件要能结束循环，否则程序会一直运行，进入无限循环状态。当然，在日常生活中是需要无限循环的，比如坚持体育锻炼可以让我们享受体育乐趣、增强体质、锤炼意志，从而养成终身运动、终身学习的好习惯。

任务三　有趣的随机数

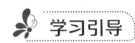 学习引导

	知识目标	能力目标（课程素养）	素质目标
学习目标	1. 熟悉导入模块的三种方式，以及常用模块的使用方法 2. 了解 break 语句的功能 3. 了解 continue 语句的功能	1. 在编写程序的过程中，熟练使用 break 语句或 continue 语句终止循环或跳过本次循环 （追求真理　踏实认真） 2. 熟练掌握导入模块的三种方式，并且能够按照要求灵活选择不同的函数实现相应的功能 （举一反三　融会贯通）	1. 培养学生接受新知识的能力和团队合作的能力 2. 培养学生的自主学习能力
思维导图	有趣的随机数　技术准备—导入模块的三种方式／常用模块的使用方法／break语句／continue语句；任务实施—随机点名／猜数字游戏；强化训练—实现"抢红包"功能		

 学习任务清单

任务名称	有趣的随机数
任务描述	用户一共有 5 次竞猜机会，要在 1～100 猜一个任意整数，如果猜中了，则提示"恭喜你，猜中了！"，否则根据用户的竞猜情况提示"猜大了"或者"猜小了"。如果 5 次机会都用完了，则提示"游戏结束！"，并输出随机产生的整数
任务分析	首先导入随机模块，产生 1～100 的任意一个整数；再使用 for 循环语句控制竞猜的次数，在循环体中通过 input( )函数让用户输入竞猜数字，并与随机产生的整数进行比较，根据竞猜结果给予相应提示。如果 5 次都没有猜中，则结束游戏并输出随机产生的整数
成果展示与评价	每个小组成员都需要完成随机点名程序的编写，小组合作编写猜数字游戏的程序，小组互评后由教师评定综合成绩

 任务描述

随机产生 1～100 的任意一个整数，用户一共有 5 次竞猜机会。如果猜中了，则提示"恭

喜你，猜中了!"，否则根据用户的竞猜情况提示"猜大了"或者"猜小了"。如果 5 次机会都用完了，则提示"游戏结束!"，并输出随机产生的整数。

技术准备

教学视频

1. 导入模块的三种方式

Python 的模块是包含函数、类、变量的程序文件，即一个扩展名为".py"的 Python 程序文件。我们可以在需要 Python 模块的时候，通过 import 导入。

Python 提供了以下三种导入模块的方式。

```
import 模块名
import 模块名 as 模块别名
from 模块名 import 函数名/子模块名/属性
```

在安装 Python 时默认安装的模块被称为标准库，也被称为内建库，如 math 模块。熟悉标准库的使用方法是编程人员必须具备的能力。

math 模块有大量常用的数学计算函数，如三角函数（sin( )、cos( )、tan( )）、反三角函数（arcsin( )、arccos( )、arctan( )）、对数函数（$\log_{10}( )$、$\log_2( )$）等，还有数学常量，如 Pi（圆周率）等。

可以使用命令"dir(math)"查看 math 模块中的函数（方法）与常量（属性）。

在安装 Python 自带的模块或者第三方库时，系统会自动将模块或第三方库的存放路径记录在 sys.path 列表中。那么，如何让解释器知道自己编写的模块的路径呢？这里介绍两种方法，第一种方法是在 sys.path 列表里添加自己所写模块的路径，第二种方法是设置系统的环境变量，使其包含自己所写模块的路径，代码如下：

```
import sys                      #导入 sys 模块
sys.path.append('d:\\py')       #在 sys.path 列表里追加 py 文件的路径 (d:\\py)
import demo                     #导入 demo 模块
demo.myfunction (5)             #文件名.函数名(参数)
```

Python 的 random 模块用于生成随机数，该模块提供了很多函数，具体代码如下所示：

```
random.random()                 #生成一个 0~1 的随机浮点数：0 <= n < 1.0
random.randint(a,b)             #返回 a~b 的整数，注意：a,b 均是整数，且 a 要比 b 小
random.randrange([start=0], stop[, step=1])     #只能传入整数，且不包括 stop
random.choice(sequence)         #从 sequence（序列、列表、元组和字符串）中随机获取一个元素
random.shuffle(x)               #打乱列表中的元素顺序
random.sample(sequence,k)       #从指定序列中随机获取 k 个不重复的元素作为一个列表，并将其
                                 返回，sample()函数不会修改原有序列
```

2. 常用模块的使用方法

datetime 模块定义了以下几个类来处理时间和日期，相关属性及功能如图 2-11 所示。

①datetime.date：表示日期的类。常用的属性有 year、month、day。

②datetime.time：表示时间的类。常用的属性有 hour、minute、second、microsecond。

③datetime.datetime：表示日期和时间的类。

④datetime.timedelta：表示时间间隔，即两个时间点之间的时间跨度。

```
>>> import datetime
>>> datetime.date.today()
datetime.date(2022, 1, 3)
>>> datetime.datetime.now()
datetime.datetime(2022, 1, 3, 23, 9, 38, 585778)
>>> datetime.datetime.today()
datetime.datetime(2022, 1, 3, 23, 9, 55, 354858)
>>> datetime.datetime.now().date()
datetime.date(2022, 1, 3)
```

图 2-11　datetime 模块的相关属性及功能

calendar 模块是一个日历模块，用于生成日历，其运行效果如图 2-12 所示。

```
>>> import calendar
>>> print(calendar.calendar(2022))
```

图 2-12　calendar 模块的运行效果

3. break 语句

只有当 while 循环执行到表达式的值为空值或为零时才会退出，而 for 循环在序列或迭代对象全部遍历后才会退出。如果想中途结束循环，该怎么办呢？这个时候就要用到 break 语句。break 语句没有语句体，可用在 for 循环语句和 while 循环语句中，其功能是结束当前循环。我们一起来看以下两段代码。

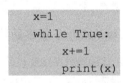
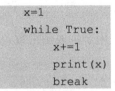

第一段代码的循环条件为真，在循环体中对初始化变量 x 进行累加后输出结果，因为没有结束条件，所以程序会无限循环。第二段代码的循环条件也为真，但是该循环体中增加了 break 语句，其功能是结束当前循环，所以 while 循环每执行一次都会退出。

4. continue 语句

continue 语句也没有语句体，其功能是跳过本次循环，并进入下一轮循环。我们一起来看以下代码。

```
n = 0
while n < 10:
    n = n + 1
```

```
    if  n % 2 == 0:
        continue
print(n)
```

以上代码首先对计数变量 n 进行初始化，当 n 小于 10 时则进入 while 循环。然后在循环体中对 n 加 1，再用条件语句判断 n 与 2 相除有没有余数，如果没有余数则跳过本次循环，进入下一轮循环，否则直接输出 n。上述代码的输出结果为 1、3、5、7、9。

 任务实施

1. 随机点名

（1）导入随机模块

教学视频

```
import random
```

（2）将姓名存入列表

```
names = ['张三', '李四', '王五', '赵六', '孙七', '周八', '吴九', '郑十']
```

（3）使用流程控制语句实现随机点名

使用 while 循环语句实现无限循环，让用户在循环体中选择点名或退出。当用户输入大写字母"N"或小写字母"n"时，使用 break 语句退出循环，即结束程序；当用户输入其他内容时，则采用"随机模块.函数"的形式进行随机点名，代码如下：

```
while True:
    action=input('输出n/N则退出，按回车键则继续：')
    if action=='n' or action=='N':
        print('退出成功！')
        break
    else:
        print(random.choice(names))
```

random 模块中 choice( )函数可以从列表中获取一个随机元素，并返回一个随机项（列表、元组或字符串）。需要特别注意的是，choice( )函数中的参数不能为空，否则会引发 IndexError 错误。除列表外，文件或数据库中存储的姓名也可以进行随机点名。

2. 猜数字游戏

猜数字游戏的要求如下：随机产生 1～100 之间的任意一个整数，用户一共有 5 次竞猜机会。如果猜中了，则提示"恭喜你，猜中了！"，否则根据用户的竞猜情况提示"猜大了"或者"猜小了"；如果 5 次机会都用完了，则提示"游戏结束！"，并输出随机产生的整数。

针对上述要求，首先导入随机模块，采用"随机模块.函数"的形式产生 1～100 之间的任意一个整数，再使用 for 循环语句控制竞猜次数。

其次，在循环体中使用 input( )函数让用户输入数字，并将用户输入的数字与随机产生的整数进行比较。如果用户输入的数字大于随机整数，则提示"猜大了"；如果用户输入的数字小于随机整数，则提示"猜小了"；如果用户猜中了，则输出"恭喜你，猜中了！"。

最后，如果用户猜了 5 次都没有猜中，则提示"游戏结束！"，并输出随机产生的整数，代码如下：

```
import random
n=random.randint(0,100)
for i in range(5):
    temp= int(input("请输入你猜的整数："))
    if  temp==n:
        print('恭喜你,猜中了!')
    elif  temp>n:
        print('猜大了')
    else:
        print('猜小了')
else:
    print('游戏结束! ')
    print('你要猜的整数是：{}'.format(n))
>>> y=[1,'a','python',9.9]
>>> type(y)
<class 'list'>
```

强化训练

请使用随机函数实现"抢红包"功能。

 任务小结

通过本任务的学习和实践，我们了解了模块及其导入方法和使用方法，掌握了 break 语句和 continue 语句的区别，并且能够熟练地根据相关要求选择模块的函数来解决实际问题。

内置模块可以极大地提升程序的开发效率，自定义模块可以将程序的各部分组件的共用功能提取出来，并放到一个模块中，其他组件可以通过导入的方式使用该模块，从而提高代码的重用性，易于程序功能扩展和维护。

任务四　学生信息管理系统

 学习引导

	知识目标	能力目标（课程素养）	素质目标
学习目标	1. 了解简易系统的开发过程 2. 了解三引号的特殊作用 3. 了解 for 循环与 else 语句的配合使用	1. 能够使用 while 循环语句让程序一直保持运行状态，并且功能之间可以自由切换（接受新知识 举一反三） 2. 能够使 for 循环和 if 分支语句结合起来，实现学生信息的查询、修改和删除功能（追求真理 踏实认真） 3. 能够熟练掌握 break 语句和缩进的用法（一丝不苟 严谨认真）	1. 培养学生学习 Python 的兴趣 2. 培养学生的自主学习能力 3. 培养学生的实践操作能力

续表

思维导图	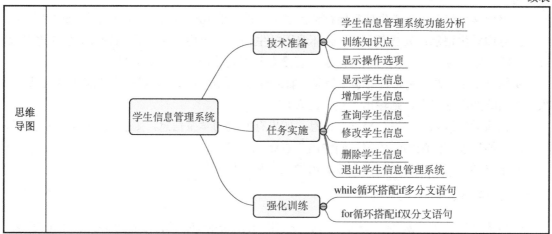

 学习任务清单

任务名称	学生信息管理系统
任务描述	根据用户的选择分别实现显示、增加、查询、修改、删除学生信息的功能，以及退出学生信息管理系统的功能，可以在每个功能之间自由切换
任务分析	将对应 6 个功能的操作选项（0～5）输出到控制台，使用一个 while 无限循环搭配 if 多分支语句，根据用户输入的不同数字单独实现显示、增加、查询、修改、删除学生信息的功能，以及退出学生信息管理系统的功能
成果展示与评价	每个小组成员都需要完成 1~2 个功能的开发，小组合作完成学生信息管理系统的开发，小组互评后由教师评定综合成绩

 任务描述

结合前面所学内容，编写一个面向过程的简易的学生信息管理系统，学生信息管理系统包括显示学生信息、增加学生信息、查询学生信息、修改学生信息、删除学生信息和退出学生信息管理系统 6 个功能。

要求该系统可以自由切换功能，并根据用户的选择分别实现显示、增加、查询、修改、删除学生信息，以及退出学生信息管理系统 6 个模块的相应功能。

 技术准备

教学视频

1. 学生信息管理系统功能分析

学生信息管理系统包括显示学生信息、增加学生信息、查询学生信息、修改学生信息、删除学生信息和退出学生信息管理系统 6 个功能，每个功能对应一个选项，选项之间都可以自由切换，且每个选项都要完成相应功能。

①显示学生信息：要输出所有学生的信息，只需使用 for 循环遍历输出所有学生的信

息即可；

②增加学生信息：将学生信息保存到列表中，再使用 append( ) 方法向列表尾部追加信息；

③查询学生信息：首先使用 for 循环遍历学生信息，再用 if 分支语句查询和匹配学生信息，若匹配则直接输出学生的相关信息，若没有匹配则输出"查无此人！"；

④修改学生信息：首先查询学生信息，如果有匹配的学生信息，则修改当前学生信息。如果没有匹配的学生信息，则输出"查无此人！"；

⑤删除学生信息：首先查询学生信息，如果有匹配的学生信息，则使用 remove( ) 方法将其删除。如果没有匹配的学生信息则输出"查无此人！"；

⑥退出学生信息管理系统：直接退出学生信息管理系统。

2．训练知识点

①显示学生信息：while 循环语句、if 分支语句、for 循环语句、range( )函数、list[ ]列表、print( )函数；

②增加学生信息：if 分支语句、input( )函数、dict{ }字典、append( ) 方法、print( )函数；

③查询学生信息：if 分支语句、input( )函数、for 循环和 else 语句、list[ ]列表、print( )函数、break 语句；

④修改学生信息：if 分支语句、input( )函数、for 循环和 else 语句、list[ ]列表、print( )函数、break 语句；

⑤删除学生信息：if 分支语句、input( )函数、for 循环和 else 语句、remove( ) 方法、print( )函数、break 语句；

⑥退出学生信息管理系统：if 分支语句、break 语句。

3．显示操作选项

在完成相应功能之前，首先需要将操作选项输出到控制台上，然后根据用户输入的不同数字调用不同的分支语句，从而实现不同的功能，显示操作选项的效果图如图 2-13 所示。

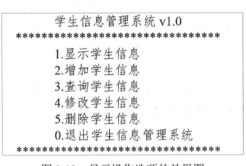

图 2-13　显示操作选项的效果图

使用多条 print( )语句逐一输出上述的每个选项对应的内容，这里推荐将每个选项对应的内容定义为多行字符串（使用三个成对的单引号或者三个成对的双引号实现），以所见即所得的方式直接输出，参考代码如下：

```
# 学生信息管理系统操作选项
infor ='''
```

```
            学生信息管理系统v1.0
    ********************************
            1.显示学生信息
            2.增加学生信息
            3.查询学生信息
            4.修改学生信息
            5.删除学生信息
            0.退出学生信息管理系统
    ********************************
    '''
    print(infor)
```

 任务实施

1. 显示学生信息

当前的学生信息管理系统中没有存储任何内容，如果要显示学生信息，就需要在程序代码中手动添加学生信息。为了便于实现每个模块的具体功能，我们通过新建列表 students 来保存所有学生的信息，而每个学生的信息以键值对的方式存储在字典中，有几个学生就有几个字典，字典之间用逗号分隔，参考代码如下：

```
students = [
    {'stid': 101, 'stname': '张三', 'stage': 18, 'stgender': 'male'},
    {'stid': 102, 'stname': '李四', 'stage': 19, 'stgender': 'female'},
    {'stid': 103, 'stname': '王五', 'stage': 20, 'stgender': 'male'}
]
```

实现每个选项或功能之间的自由切换需要用到循环。在不知道循环次数的情况下，推荐先使用 while 循环，并且将 while 循环的循环条件的值设置为 True（即无限循环），再使用 input( )函数输入用户的操作序号，最后根据用户不同的选择，使用 if 多分支语句运行不同的模块，实现不同的功能，主要的参考代码如下：

```
while True:
    action = int(input('请输入你要操作的序号：'))
if action == 1:              #显示学生信息
elif action == 2:            #增加学生信息
elif action == 3:            #查询学生信息
elif action == 4:            #修改学生信息
elif action == 5:            #删除学生信息
elif action ==0:             #退出学生信息管理系统
else:
    print()
    print('你输入的序号有误，请重新输入！')
```

至此，显示学生信息的所有条件都已具备，可使用 for 循环遍历输出列表 students 中所有学生的信息，参考代码如下：

```
if action == 1:  #显示学生信息
    for i in range(len(students)):
        print(students[i])
    print('显示学生信息成功')
    print()
```

显示学生信息的运行过程如图 2-14 所示。

```
        学生信息管理系统v1.0
    *******************************
        1.显示学生信息
        2.增加学生信息
        3.查询学生信息
        4.修改学生信息
        5.删除学生信息
        0.退出学生信息管理系统
    *******************************

请输入你要操作的序号：1
{'stid': 101, 'stname': '张三', 'stage': 18, 'stgender': 'male'}
{'stid': 102, 'stname': '李四', 'stage': 19, 'stgender': 'female'}
{'stid': 103, 'stname': '王五', 'stage': 20, 'stgender': 'male'}
显示学生信息成功

请输入你要操作的序号：
```

图 2-14　显示学生信息的运行过程

2. 增加学生信息

列表 students 中保存了 3 条学生信息，如果需要增加学生信息，首先使用多个 input( )函数让用户逐一添加学生的学号、姓名、年龄和性别，再将刚才输入的所有学生信息以键值对的方式保存到一个临时字典中，最后使用 append( ) 方法将临时字典追加到列表 students 中保存，参考代码如下：

```
elif action == 2:          #增加学生信息
a = input('请输入学生的学号：')
b = input('请输入学生的姓名：')
c = input('请输入学生的年龄：')
d = input('请输入学生的性别：')
temp = {'stid': a, 'stname': b, 'stage': c, 'stgender': d}
students.append(temp)
print('增加学生信息成功！')
print()
```

增加学生信息的运行过程如图 2-15 所示。

```
          学生信息管理系统v1.0
      *******************************
              1.显示学生信息
              2.增加学生信息
              3.查询学生信息
              4.修改学生信息
              5.删除学生信息
              0.退出学生信息管理系统
      *******************************

      请输入你要操作的序号：2
      请输入学生的学号：104
      请输入学生的姓名：赵六
      请输入学生的年龄：19
      请输入学生的性别：男
      增加学生信息成功！

      请输入你要操作的序号：
```

图 2-15　增加学生信息的运行过程

3. 查询学生信息

在查询学生信息时，首先使用 input( )函数让用户输入需要查询的学生姓名（或学号），再使用 for 循环语句读取列表 students 中保存的学生信息，然后逐一赋值给临时变量 i，最后使用 if 分支语句对用户查询的学生姓名（或学号）和临时变量 i 中读取到的信息进行比较，如果匹配则输出当前学生的所有信息并退出循环，否则输出"查无此人！"，参考代码如下：

```python
elif action == 3:        #查询学生信息
    x = input('请输入你要查询的学生姓名：')
    for i in students:
        if i['stname'] == x:
            print(i)
            print('查询学生信息成功')
            break
        else:
            print('查无此人！')
    print()
```

查询学生信息的运行过程如图 2-16 所示。

```
请输入你要操作的序号：3
请输入你要查询的学生姓名：某某
查无此人！

请输入你要操作的序号：3
请输入你要查询的学生姓名：张三
{'stid': 101, 'stname': '张三', 'stage': 18, 'stgender': 'male'}
查询学生信息成功

请输入你要操作的序号：
```

图 2-16　查询学生信息的运行过程

4. 修改学生信息

将查询学生信息的功能和增加学生信息的功能结合起来即可实现修改学生信息的功能。首先查询某一学生的信息，如果找到则直接保存修改后的学生信息即可退出循环，如果没有找到则输出"查无此人！"，参考代码如下：

```
elif action == 4:          #修改学生信息
    x = input('请输入你要修改的学生姓名：')
    for i in students:
        if i['stname'] == x:
            i['stid'] = input('请输入新的学号：')
            i['stname'] = input('请输入新的姓名：')
            i['stage'] = input('请输入新的年龄：')
            i['stgender'] = input('请输入新的性别：')
            print(i)
            print('修改学生信息成功！')
            break
    else:
        print('查无此人！')
    print()
```

修改学生信息的运行过程如图 2-17 所示。

```
请输入你要操作的序号：1
{'stid': 101, 'stname': '张三', 'stage': 18, 'stgender': 'male'}
{'stid': 102, 'stname': '李四', 'stage': 19, 'stgender': 'female'}
{'stid': 103, 'stname': '王五', 'stage': 20, 'stgender': 'male'}
显示学生信息成功

请输入你要操作的序号：4
请输入你要修改的学生姓名：李四
请输入新的学号：1099
请输入新的的姓名：赵小六
请输入新的的年龄：18
请输入新的的性别：男
{'stid': '1099', 'stname': '赵小六', 'stage': '18', 'stgender': '男'}
修改学生信息成功！
```

图 2-17　修改学生信息的运行过程

5. 删除学生信息

首先查询学生信息，如果有匹配的记录，则使用 remove( ) 方法将其删除，并使用 break 语句退出循环。如果没有匹配的记录则输出"查无此人！"，参考代码如下：

```
elif action == 5:          #删除学生信息
    x = input('请输入你要删除的学生姓名：')
    for i in students:
        if i['stname'] == x:
            students.remove(i)
            print('删除学生信息成功')
```

```
                break
    else:
            print('查无此人！')
            print()
```

删除学生信息的运行过程如图 2-18 所示。

```
请输入你要操作的序号：1
{'stid': 101, 'stname': '张三', 'stage': 18, 'stgender': 'male'}
{'stid': 102, 'stname': '李四', 'stage': 19, 'stgender': 'female'}
{'stid': 103, 'stname': '王五', 'stage': 20, 'stgender': 'male'}
显示学生信息成功

请输入你要操作的序号：5
请输入你要删除的学生姓名：赵六
查无此人！

请输入你要操作的序号：5
请输入你要删除的学生姓名：李四
删除学生信息成功
请输入你要操作的序号：1
{'stid': 101, 'stname': '张三', 'stage': 18, 'stgender': 'male'}
{'stid': 103, 'stname': '王五', 'stage': 20, 'stgender': 'male'}
显示学生信息成功
```

图 2-18　删除学生信息的运行过程

6. 退出学生信息管理系统

在学生信息管理系统的 6 个功能中，退出学生信息管理系统是最简单的，只需要使用 break 语句退出 while 无限循环，参考代码如下，运行过程如图 2-19 所示。

```
if action == 0:
    print()
    print('退出成功！')
    break
```

```
学生信息管理系统v1.0
*****************************
    1.显示学生信息
    2.增加学生信息
    3.查询学生信息
    4.修改学生信息
    5.删除学生信息
    0.退出学生信息管理系统
*****************************

请输入你要操作的序号：0

退出成功！
```

图 2-19　退出学生信息管理系统的运行过程

强化训练

　　请根据所学内容，使用 while 循环搭配 if 多分支语句、for 循环搭配 if 双分支语句实现学生信息的查询、修改、删除功能。

 任务小结

　　通过本次任务的学习和实践，我们了解了简易的学生信息管理系统的开发过程，掌握了使用流程控制语句对不同数据类型的信息进行显示、增加、查询、修改和删除等常见操作，在实践中激发了同学们的学习兴趣，提升了实践操作水平，让同学们更快、更好地掌握 Python 语言的基础知识。当然，本次任务是面向过程的，等学习了后面的知识就可以将面向过程的学生信息管理系统升级为面向对象的学生信息管理系统。

情景三　优化程序的性能

任务一　编写函数求圆的面积

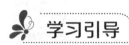 学习引导

	知识目标	能力目标（课程素养）	素质目标
学习目标	1. 了解函数的功能 2. 掌握函数的定义和调用方法 2. 掌握形参与实参的区别 3. 掌握变量的作用域 4. 掌握函数返回值的关键字	1. 能够使用函数进行编程，完成相应的要求 （接受新知识 敢闯敢试） 2. 能够熟练掌握全局变量和局部变量的作用域 （追求真理 踏实认真） 3. 能够在函数中熟练运用流程控制语句来拓展函数的功能 （举一反三 融会贯通）	1. 培养学生学习 Python 的兴趣 2. 培养学生的自主学习能力 3. 培养学生的团队协作能力
思维导图	编写函数求圆的面积 技术准备——函数定义 / 函数调用 / 形参 / 实参 任务实施——变量的作用域 / 编写函数求圆的面积 强化训练——编写函数打印星号矩阵图 / 编写函数打印九九乘法表		

 学习任务清单

任务名称	编写函数求圆的面积
任务描述	编写函数实现随机输入三个圆的半径，分别求出三个圆的面积
任务分析	首先定义一个求圆面积函数，再通过 for 循环搭配 range( )函数控制循环次数，在循环体中使用 input( )函数输入圆的半径，调用求圆面积函数算出圆面积，使用 return 语句返回圆面积，最后使用 print( )函数逐一输出三个圆的面积

成果展示与评价	每个小组成员都需要完成求圆面积函数的编写，最好使用两种方法完成，小组互评后由教师评定综合成绩

 ## 任务描述

函数的功能是将程序分解成更小的块，从而降低理解难度，减小程序体积，提高代码可重用性，降低软件开发成本和维护成本。现在需要编写一个函数来批量计算圆的面积，这里一共需要计算三个圆的面积，圆的面积公式为 $S=\pi r^2$，$\pi=3.14$。三个圆的半径 r 需要用户通过键盘输入，然后调用求圆面积函数进行计算，最后输出这三个圆的面积。

 ## 技术准备

教学视频

1. 函数定义

函数犹如堆砌城堡的积木，它是实现一些特定功能的独立代码块。如果我们要使用这些特殊的"积木"堆砌 Python 程序，首先得清楚这些特殊的"积木"是怎么来的，要怎么用。

在实际开发中，如果想把一段功能独立的代码进行封装，可以在这段代码的上方写上关键字 def（英文单词 define 的缩写），然后构成"关键字+空格+函数名"的表示形式，函数名由自己取。友情提示一下，函数用于对功能进行封装，因此，函数名最好能表达函数要实现的功能，这样更方便记忆和调用，即函数名最好能见名知意。另外，函数名也是前面讲过的标识符的一种，所以还应该遵循标识符的命名规则。在函数名的后边紧跟一对圆括号，圆括号的后面再紧跟一个冒号的行的定义过程被称为函数头部定义，函数头部定义的元素顺序一定要记牢，首先是关键字 def，然后是空格，再是函数名，函数名后紧跟一对圆括号，圆括号后紧跟一个冒号。

冒号后一定要换行、缩进，再定义函数体，函数体内是要封装的一段功能独立的代码。函数体内的代码都要以关键字 def 为参照进行缩进，这就是定义函数的语法格式。综上所述，函数的定义分为函数头部的定义和函数体的定义。

2. 函数调用

如果函数定义好了，我们需要的这种特殊的"积木"也就构造好了。那么怎么将其堆砌成 Python 程序呢？这就是我们要介绍的另一个知识点，即函数调用。

函数调用很简单，通过函数名和它后边的一对圆括号便可完成，后边的这对圆括号为实参表。我们先来看一个简单的案例：假如我们要编写一个名为"say_hello"的函数来封装三行用来打招呼的代码，并在函数下方调用这三行代码。

首先，写上关键字 def，然后输入一个空格并写上函数名 say_hello，say_hello 后面紧跟一对圆括号，圆括号后紧跟一个冒号，这就是函数头部定义的几个重要元素。

```
def say_hello( ):
```

定义好函数头部后按回车键换行，即可开始定义函数体，函数体内的三行代码如下：

```
print("Hello!")
print("How are you!")
print("Good morning!")
```

　　到此为止，我们便完成了函数的定义，现在运行程序看会不会有结果输出。答案是没有结果输出。这是为什么呢？道理很简单，"积木"有了，但如果不去堆砌是不会变成"城堡"的。因此定义了的函数一定要调用才会工作，否则它是不会主动工作的。

　　如何调用呢？方法很简单，通过函数名、圆括号就可以，代码如下：

```
say_hello( )
```

　　使用函数只需两个步骤，即函数定义和函数调用。在此再次运行程序，便可以在控制台看到函数体内的三行代码被成功输出了。

```
Hello!
How are you!
Good morning!
```

　　3. 形参

　　形参是指定义函数时，被放在圆括号中的参数。形参用来接收实参的值，它只能在函数内部作为变量使用。在定义函数头部时，可以在圆括号中列举出需要用到的形参，多个形参之间用逗号分隔。

　　例如，定义一个求两数之和的函数，代码如下：

```
def sum(num1,num2):
```

　　这里的 num1 和 num2 是用来表示加数与被加数的形参。所谓形参，指该参数只是形式上的参数，并没有实际的值，当函数需要传递数据时，就要在形参表内设置形参。在定义求两数之和的函数时，加数和被加数（num1 和 num2）的值是多少呢？此处的 num1 和 num2 是没有值的，即形参没有值，形参的值需要在函数调用时，通过实参传递过来。

　　形参的作用有两个：一是告诉外部把值传到这里，二是在函数内部被当作变量用于运算。

　　4. 实参

　　实参是指调用函数时，被放在圆括号中的参数，用来存放数据并将数据传递给形参。在程序编写过程中，一般把需要传递给函数的数据依次列举在实参表里，并以逗号隔开。在调用刚才定义的求两数之和的 sum( )函数时，如果是对 12 和 5 这两个数求和，可以将被加数 12 和加数 5 写进实参表中，形式为 sum(12, 5)。此时实参的作用只有一个，即把数据传递给形参。

　　现在定义一个求两数之和的函数，参考代码如下：

```
def  sum(num1,num2):
    result = num1 + num2
    print(result)
```

　　先换行，然后写上函数调用语句，具体代码如下：

```
sum(12,5)
```

上述代码中的数字 12 和数字 5 都是实参。函数调用语句的功能是直接使用已经定义好的函数，此处是将实参 12 传递给函数中的形参 num1，将实参 5 传递给函数中的形参 num2，最终输出结果为 17。

下面再学习一个案例：先输入两个任意整数，然后输出其中的较大值。

```
def max(a,b):
    if a >= b:
        print(a)
    else:
        print(b)
max(5,3)
```

以上代码中，max 为函数名，a 和 b 是形参。代码"max(5,3)"用于调用 max 函数，并将实参 5 传递给 max( ) 函数中的形参 a，将实参 3 将传递给 max( ) 函数中的形参 b。实参和形参好似孪生姐妹，即实参的个数和形参的个数相等，不然不能实现值的正确传递。实参的作用是将数据传递给形参，数据没有固定格式，可以是变量、常数、表达式，甚至可以是函数。

在函数调用过程中，数据传递是单向的，即只能把实参的值传递给形参，不能将形参的值传给实参，这一点要特别注意。

 任务实施

1. 变量的作用域

变量的作用域就是变量起作用的范围，一个变量在不同位置的作用域是不一样的。

（1）全局变量

定义在函数外部的变量被称为全局变量，全局变量的作用域是全局。请根据以下代码得出运行后的结果。

```
def add( ):
    s=n1+n2
n1=1
n2=2
add( )
```

上述代码中的 n1 和 n2 均被定义在 add( )函数的外部，因此 n1、n2 都是全局变量，它们拥有全局的作用域，即使在调用函数时没有将实参传递给形参，全局变量 n1、n2 的作用域也是全局，在函数中仍然可以访问它们。但程序运行后没有任何输出结果，这是因为调用的 add( )函数在执行完加法运算后，并没有将结果返回给调用者。可以使用关键字 return 返回结果，return 的作用是告诉调用者，后面的表达式是程序执行的结果。其语法格式如下：

```
return  表达式
```

将使用关键字 return 的语句加入上述代码中，得到参考代码如下：

```
def add( ):
    s=n1+n2
    return s
n1=1
n2=2
result=add( )
print('{}+{}={}'.format(n1,n2,result))
```

当函数通过关键字 return 返回结果给调用者时，最好使用一个临时变量来接收 return 返回的结果，以便对该返回结果进行二次处理。

（2）局部变量

局部变量是在函数内部定义的变量，只能在其声明的函数内部使用。请看以下代码，并尝试得出代码运行结果。

```
def localvar( ):
    n=1
    return
localvar()
print(n)
```

运行上述代码会出现 "NameError: name 'n' is not defined" 的错误提示。这是因为 n 定义在函数内部，n 为局部变量，所以 n 的作用域是函数内部，如果外部函数访问 n 就会出现参数未定义的错误。但如果确实需要在函数外部访问局部变量，可以使用关键字 global 将局部变量变为全局变量。将关键字 global 加入上述代码中，得到参考代码如下：

```
def localvar( ):
    global n
    n=1
    return
localvar()
print(n)
```

接下来，我们一起来讨论两个问题：全局变量和局部变量的名称可以相同吗？如果它们的名称是一样的，那应该先找全局变量还是局部变量呢？我们用一个案例来解答这两个问题，参考代码如下：

```
def testvar():
    n=1
    return
n=0
print('调用前{}'.format(n))
testvar()
print('调用后{}'.format(n))
```

运行上述代码，输出的两个结果都是 0。这是因为函数中的局部变量和全局变量同名，但它们的作用域不同，所以这两个变量为不同的变量。

2. 编写函数求圆的面积

在掌握了函数定义、函数调用、形参、实参、变量的作用域后，现在编写一个函数实现随机输入三个圆的半径，并分别求出这三个圆的面积。

首先定义一个求圆面积函数 circle1(radius)，再通过 for 循环控制程序运行三次，然后在 for 循环体中使用 input( )函数输入圆的半径，接着调用求圆面积函数 circle1( )将用户输入的半径传递给 radius，再通过 return 语句返回圆面积，最后使用 print( )函数输出圆面积。这样写的优点是将输入三个圆半径的函数、调用求圆面积的函数和输出三个圆面积的函数都放到循环体内。参考代码如下：

```
def circle1(radius):
    area=3.14*radius**2
    return area
for i in range(3):
    r=float(input("请输入圆的半径:"))
    s=circle1(r)
    print ('圆的面积为:{:.3f}'.format(s))
```

以上代码运行后的结果如图 3-1 所示。

```
请输入圆的半径:10
圆的面积为:314.000
请输入圆的半径:1.99
圆的面积为:12.435
请输入圆的半径:5.1
圆的面积为:81.671
```

图 3-1　输入圆半径求圆面积的代码的运行结果 1

多一种解题思路就多掌握一种解决问题的方法，一题多解可以更好地培养思维能力。请再思考一下，除了上述方法，还有其他方法能够实现题目的要求吗？

第二种解题思路如下：我们将用户随机输入的三个圆的半径保存在列表中，调用函数将列表名作为实参传递给形参；在函数体中使用 for 循环遍历圆半径、计算圆面积，然后再格式化输出结果。参考代码如下：

```
def circle2(radius):
    for i in radius:
        area = 3.14 * i ** 2
        print ('半径为:{},圆的面积为:{:.3f}\t'.format(i,area))
listr=[ ]
for i in range(3):
    r=float(input('请输入第{}个圆的半径:'.format(i+1)))
    listr.append(r)
circle2(listr)
```

以上代码运行后的结果如图 3-2 所示。

请输入第1个圆的半径:*10*
请输入第2个圆的半径:*1.99*
请输入第3个圆的半径:*5.1*
半径为:10.0,圆的面积为:314.000
半径为:1.99,圆的面积为:12.435
半径为:5.1,圆的面积为:81.671

图 3-2　输入圆半径求圆面积的代码的运行结果 2

强化训练

请根据所学知识，编写函数打印星号矩阵图和九九乘法表。

 ## 任务小结

通过本次任务的学习和实践，我们了解了函数的功能和特点，掌握了函数的定义和调用方法，并且通过任务引导，能够熟练运用多种方法编写函数来解决实际问题。如果需要编写的程序非常复杂，则可以将其分解为多个函数，由团队成员分工协作、一同完成。编写函数也需要合作，合作才能共赢。

任务二　多态显示动物名称

 ## 学习引导

	知识目标	能力目标（课程素养）	素质目标
学习目标	1. 掌握对象的引入 2. 掌握对象的创建与使用	1. 能够使用封装技术隐藏学生类中的属性和方法，并间接对其进行访问 （接受新知识 敢闯敢试） 2. 能够熟练掌握单继承和多继承，提高代码的重用性 （追求真理 踏实认真） 3. 能够运用多态技术增强代码的灵活性和扩展性 （举一反三 融会贯通）	1. 培养学生学习 Python 的兴趣 2. 培养学生的自主学习能力 3. 培养学生的团队协作能力
思维导图	多态显示动物名称 —— 技术准备 —— 对象的引入 / 类的定义 / 对象的创建与使用 —— 任务实施 —— 封装 / 继承 / 多态 —— 强化训练 —— 手机类的封装、继承和多态 / 父子类的封装、继承和多态		

学习任务清单

任务名称	多态显示动物名称
任务描述	编写一个动物类和若干子类，通过对象调用同名方法输出不同子类动物名称
任务分析	首先定义一个动物父类 Animal，在该类中写一个 who()方法用于输出动物名称。然后，分别写两个子类 Cat 和 Dog 继承父类 Animal，并且每个子类都要重写父类的 who()方法，该方法用于输出两个子类的动物名称
成果展示与评价	每个小组成员都需要完成多态显示动物名称的任务，最好使用多种方法来完成本次任务，小组互评后由教师评定综合成绩

 任务描述

实现多态有两个前提条件，一是要有继承，二是子类必须重写父类的方法。在本次任务中，首先需要定义一个动物父类 Animal，在该类中写一个 who( )方法用于输出动物名称；然后分别写两个子类 Cat 和 Dog 继承父类 Animal，并且每个子类都要重写父类的 who( )方法；最后使用不同类创建的不同对象调用同一个方法，实现多态显示动物名称。

 技术准备

教学视频

1. 对象的引入

对象（Object）是一种数据抽象或数据结构抽象，用来表示程序中需要处理的或已处理的信息。

Python 从设计之初就是一门面向对象的编程语言，它有一个重要的概念，即一切皆对象，数字、字符串、元组、列表、字典、函数、方法、类、模块等都是对象。

将对象的特征用状态和行为来表示，状态是静态属性，主要指对象包含的各种信息，如学号、姓名、性别、籍贯等。行为是动态属性，表示对象所具有的功能和操作，如学习、吃饭、体育锻炼等。

2. 类的定义

把一个个对象都归到一个集合中就形成了类。类如同模具，有了类这个模具，就可以很方便地创建对象了。在 Python 中也是同样的，要创建对象就要先创建模具，也就是先创建一个类。如何定义类呢？

使用关键字 class 来表示类，在关键字 class 后面加空格再写类名，类名后紧跟一个冒号，即"class 类名:"。在定义类时，类名要遵循大驼峰命名法。"class 类名:"被称为类头部的定义，当类头部定义完成后，就要定义类体了。

类体的定义必须换行且缩进要对齐。类体中类的成员包括两个部分，即成员变量和成员方法。

成员变量即状态，用于描述类的属性和特征。

成员方法即行为，用于定义类要进行的操作。成员方法的定义如同前面讲到的函数的定义一样，但此处的成员方法与函数略有不同。在 Python 中规定，类中定义的成员方法的第一个形参必须是 self，self 之后依次列出其他形参，如果没有其他形参，那 self 便是有且仅有的形参了，这就是类的定义。如定义一个汽车类，它的成员变量有品牌（brand）、型号（type）、颜色（color）、价格（price），成员方法有行驶（drive），参考代码如下：

```
class Car:
    brand ='长城'
    type = 'H6''
    color = '黑色'
    price ='120000'
    def drive(self):
        print('I can run')
```

3. 对象的创建与使用

在汽车类创建完成以后，如何通过汽车类创建对象呢？可以使用"对象名 = 类名 ()"的方式来完成。此时只要创建一个对象名 car1，便可以直接通过"car1=Car( )"来完成对象的创建。

对象创建完成以后，该如何使用呢？通常采用"对象名.成员变量名"和"对象名.成员方法名（参数列表）"的方式来访问成员变量和成员方法，参考代码如下：

```
car1=Car( )             #创建car1对象
car1. brand ='长安'      #访问成员变量
car1. type ='CS75
car1. drive( )           #调用成员方法
```

创建一个学生类 Student，在该学生类中定义三个成员变量，用来表示学生的属性，即姓名、年龄和性别，再在该学生类中定义三个成员方法表示学生的行为，即学习、吃饭和休息，参考代码如下：

```
class Student:
    name ='张三'
    age = 18
    gender = '男'
    def  study(self):
        print('努力学习')
    def  eat(self):
        print('认真吃饭')
    def  sleep(self):
        print('好好休息')
```

任务实施

1. 封装

（1）封装简介

封装（Encapsulation）是对具体对象的抽象，即将某些部分隐藏起来，使其在程序外部看不到，让其他程序无法调用。要了解封装，先要了解"私有化"，私有化就是将类或者函数中的某些属性限制在某个区域之内，使外部无法调用。

教学视频

　　封装数据的主要目的是保护隐私，即把不想被别人知道的数据封装起来。封装方法的主要目的是隔离复杂度。如我们看见的电视机就是一个黑匣子，电视机里面有很多电器元件，电视机把那些电器元件封装起来，并提供几个按钮接口，用户通过按钮接口就能实现对电视机的操作，而无须了解具体的电器元件。

　　Python中实现私有化比较简单，在准备私有化的成员属性和成员方法前面加两条下画线（＿＿）即可。

　　（2）封装练习

　　在"技术准备"中对对象进行创建与使用时，我们创建了一个学生类Student，现在将学生类Student中定义的两个成员变量（age和gender）私有化，同时将成员方法study( )封装起来，参考代码如下：

```python
class Student:
    name ='张三'
    _ _age = 18
    _ _gender = '男'
    def _ _study(self):
        print('努力学习')
    def eat(self):
        print('认真吃饭')
    def sleep(self):
        print('好好休息')
```

　　接下来，通过学生类Student创建一个学生对象jack，再使用学生对象jack访问学生类Student中的成员变量和成员方法，参数代码如下：

```python
jack=Student()
print(jack.name)
print(jack.age)
print(jack.gender)
jack. study()
jack. eat()
jack. sleep()
```

　　在上述代码的学生类Student中，成员变量 age和gender已经被封装成了私有变量，成员方法study( )被封装成了私有方法。私有变量和私有方法只能在类的内部访问，否则会报错。

　　但是私有化并不是目的，原本定义的成员变量和成员方法就是用来使用的。我们可以在学生类Student中再定义两个公有方法，可以用这两个公有方法访问同一个类中的私有变量和私有方法，这样就可以间接让学生类外的对象访问私有变量和私有方法了，参考代码如下：

```python
class Student:
    name ='张三'
    _ _age = 18
    _ _gender = '男'
    def _ _study(self):
        print('努力学习')
    def eat(self):
        print('认真吃饭')
```

```
    def  sleep(self):
        print('好好休息')
    def getattribute(self):
        return self.__age, self.__gender
    def getmethod(self):
        return self.__study()
jack=Student()
print(jack.name)
print(jack.getattribute())
jack.getmethod()
jack. eat()
jack. sleep()
```

2. 继承

（1）继承简介

在 Python 中，一切皆对象，对象都是类的实例。那么每个类都是从头开始创建的吗？比如给小猫创建一个类，给小狗创建一个类，再给小猪创建一个类，每创建一个类，代码都要输入一遍，这样太烦琐了。有什么方法能够提高编程的效率呢？小猫、小狗、小猪有一些共同之处，比如它们都有两只眼睛、两个耳朵、四条腿，都能发出声音。我们可以利用它们的共同点，首先创建一个动物父类 Animal，然后根据动物父类 Animal 分别创建小猫子类、小狗子类和小猪子类，这三个子类无须编码便可以拥有动物父类 Animal 的成员方法和成员变量，这就是继承，这也是面向对象编程语言的一个重要特征。

教学视频

继承的作用是将一个具有广泛意义的类定义为父类（又被称为基类或超类），新建的类可以继承一个或者多个父类，新建的类被称为子类（或派生类）。创建子类的语法格式如下：

```
class  子类名 （父类名）:
    成员变量的定义(新增或修改)
    成员方法的定义(新增或修改)
```

（2）单继承

创建一个动物父类 Animal，该类具有吃、喝、跑、睡 4 个方法，参考代码如下：

```
class Animal:
    def eat(self):
        print('吃',end='')
    def drink(self):
        print('喝',end='')
    def run(self):
        print('跑',end='')
    def sleep(self):
        print('睡')
```

再创建一个小猫子类 Cat 来继承动物父类 Animal，品种 breed 为"狸花猫"，并且新增一个"捉老鼠"的 work( )方法。再创建一个小狗子类 Dog 来继承动物父类 Animal，品种（breed）为"中华田园犬"，并且新增一个"看家护院"的 work( )方法，参考代码如下：

```
class Cat(Animal):
    breed='狸花猫'
```

```
    def work(self):
        print('捉老鼠')
class Dog(Animal):
    breed='中华田园犬'
    def work(self):
        print('看家护院')
```

现在动物父类 Animal 创建好了，两个子类 Cat 和 Dog 也创建好了，并且还分别在子类中增加了成员变量和成员方法。在此，我们通过创建好的子类分别创建两个子类对象，并使用子类对象访问子类中的成员变量和成员方法。因为子类继承了父类，所以子类对象也可以访问父类的成员变量和成员方法，参考代码如下：

```
c1=Cat()
print(c1.breed)
c1.work()
c1.eat(),c1.drink(),c1.run(),c1.sleep()
print()
d1=Dog()
print(d1.breed)
d1.work()
d1.eat(),d1.drink(),d1.run(),d1.sleep()
```

如果在子类中声明了与父类中同名的成员变量或成员方法，则在使用子类变量访问成员变量或成员方法时，默认调用子类的成员变量或成员方法。

（3）多继承

所谓多继承，就是一个子类不只继承一个父类，而是继承多个父类。在多继承中，所有父类的成员方法都可以直接继承，但是成员变量需要手动初始化。如果子类中没有__init__()方法，则默认获得第一个类的成员变量。如果派生类中有__init__()方法，则不会获得所有父类的成员变量，并且需要逐一手动初始化。多继承语法如下：

```
class  子类名(父类名1，父类名2…)
    pass
```

如果 A 和 B 两个父类中都有 test( )方法和 demo( )方法，子类 C 继承父类 A 和父类 B，并通过子类 C 创建了对象 c1，那么使用对象 c1 调用 test( )方法和 demo( )方法输出的结果来自父类 A 中的成员方法还是父类 B 中的成员方法呢？参考代码如下：

```
class A:
    def  test(self):
        print('test  in  A')
    def  demo(self):
        print('demo in A')
class B:
    def  test(self):
        print('test  in  B')
    def  demo(self):
        print('demo in B')
class C(A,B):
    def  check(self):
        print('check in C')
```

```
c1=C( )
c1.test( )
c1.demo( )
c1.check( )
```

上述代码输出的结果来自父类 A 中的两个成员方法。但如果将代码 "class C(A,B)" 改为 "class C(B, A)"，则会输出父类 B 中的两个成员方法的结果。在默认情况下，如果多个父类有相同的成员方法，继承的父类名的次序越在前面，则该父类的优先级越高。为了防止错误，建议尽量避免父类之间存在重名的成员变量或成员方法。

3. 多态

教学视频

多态的作用是使用不同的子类对象调用相同的父类的成员方法，产生不同的执行结果。多态一般指一类事物的多种形态，一个类往往同时有多个子类，因而多态依赖于继承。

实现多态有两个前提条件，一是要有继承（多态必须发生在父类和子类之间），二是子类必须重写父类的成员方法。

现在我们使用上文的单继承案例来讲解多态的知识点。首先定义一个动物父类 Animal，在该类中编写一个 who( )方法，再写两个子类 Cat 和 Dog 继承动物父类 Animal，并且每个子类都重写动物父类的 who( )方法，最后输出该子类的动物名称，参考代码如下：

```
class Animal:
    def who(self):
        print('我是小动物')
class Cat(Animal):
    def who(self):
        print('我是狸花猫')
    def work(self):
        print('捉老鼠')
class Dog(Animal):
    def who(self):
        print('我是中华田园犬')
    def work(self):
        print('看家护院')
a1=Animal()
c1=Cat()
d1=Dog()
a1.who()
c1.who()
d1.who()
```

代码运行结果如下：

```
我是小动物
我是狸花猫
我是中华田园犬
```

我们还可以对上述代码进行优化，首先定义一个列表 listobj 用于存储全部的子类对象，再定义一个 method( )方法，通过这个方法可以调用不同子类对象的 who( )方法。最后循环遍历列表 listobj，调用子类中的 who( )方法实现多态，参考代码如下：

```
class Animal:
    def who(self):
        print('我是小动物')
class Cat(Animal):
    def who(self):
        print('我是狸花猫')
    def work(self):
        print('捉老鼠')
class Dog(Animal):
    def who(self):
        print('我是中华田园犬')
    def work(self):
        print('看家护院')
def method(obj):
    obj.who()
    pass
listobj:list=[Animal(),Cat(),Dog()]
for i in listobj:
    method(i)
    pass
```

强化训练

请根据所学知识分别创建一个手机类和父子类，并实现封装、继承和多态。

 任务小结

通过本次任务的学习和实践，我们了解了面向对象程序设计的特征和优势，掌握了类的定义、对象的创建和使用，同时能够熟练完成封装、继承和多态的程序设计与编码，掌握了封装、继承和多态的作用：封装增加了代码的安全性，继承提高了代码的重用性，多态增强了代码的灵活性和扩展性。

任务三 判断输入年份是否为闰年

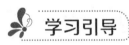 学习引导

	知识目标	能力目标（课程素养）	素质目标
学习目标	1. 了解异常的概念 2. 了解常见异常的名称及描述 3. 掌握捕获异常的方法	1. 能够根据实际情况灵活运用处理异常的四种语法格式来增强程序的稳定性和健壮性 （接受新知识 敢闯敢试） 2. 能够熟练捕获错误类型并完善错误处理方法，使程序尽量不出现异常，而是给出一个友好的提示信息 （追求真理 踏实认真）	1. 培养学生学习 Python 的兴趣 2. 培养学生的自主学习能力 3. 培养学生的团队协作能力

续表

思维导图	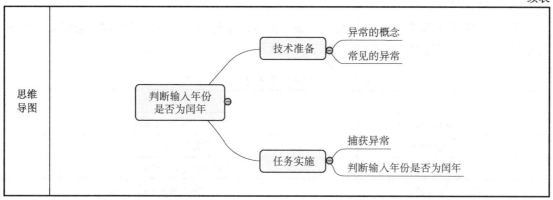

 学习任务清单

任务名称	判断输入年份是否为闰年
任务描述	随机输入整数年份，判断此年份是否为闰年
任务分析	首先添加 while 循环语句，并且将循环条件设置为 True；然后在循环体中使用 input()函数获取用户输入的整数年份后，用 if 条件语句对该年份进行判断；在 while 循环语句末尾添加 if 条件语句来控制程序是否继续执行，如果用户输入的是大写字母 "N" 或者小写字母 "n"，则退出 while 循环语句；最后将可能产生异常的代码放在 try 语句块中，同时在 except 语句块中增加错误处理方法
成果展示与评价	每个小组成员都需要编写判断输入的年份是否为闰年的程序，并且程序要实现异常处理功能，小组互评后由教师评定综合成绩

 任务描述

使用键盘输入任意整数年份（year），通过运行程序判断该年份是否为闰年，如果为闰年，则输出 "year 是闰年"，否则输出 "year 不是闰年"。闰年分为普通闰年和世纪闰年，闰年的判断方法如下：（公历）年份是 4 的倍数且不是 100 的倍数，为普通闰年；（公历）年份是 100 的倍数，同时也是 400 的倍数，为世纪闰年。

 技术准备

1. 异常的概念

教学视频

我们在编写 Python 代码的时候，或多或少都会遇到代码异常或者代码错误的情况，那么异常与错误有什么区别呢？异常是指不完整的、不合法的输入，或者计算出现的问题（但语法和逻辑是正确的）；错误是指代码不符合 Python 解释器或者编译器语法要求而出现的问题。但在实际编写 Python 代码的过程中，我们常把发生的具体异常统称为错误，如因不合法输入导致的除零错误。

在开发程序时，很难把所有的特殊情况都处理得面面俱到，通过捕获异常可以对突发事件做集中处理，从而保证程序的稳定性和健壮性。

2. 常见的异常

常见的异常有代码异常和语法异常。在某些特定条件下，不合适的数据也会引起程序出现异常，Python 常见的异常及其描述如表 3-1 所示。

表 3-1　Python 常见的异常及其描述

序号	异常名称	描述
1	AttributeError	对象没有对应的属性
2	EOFError	没有内建输入
3	IndexError	序列中没有对应的索引
4	ImportError	导入模块/对象失败
5	IOError	输入/输出失败
6	KeyError	映射中没有对应的键
7	LookupError	无效数据查询的基类
8	NameError	未声明/未初始化对象（没有属性）
9	OSError	操作系统错误
10	SyntaxError	Python 语法错误
11	TypeError	数据类型不匹配
12	TabError	Tab 键和空格键混用
13	ValueError	传入的参数无效
14	WindowsError	系统调用失败
15	UnicodeError	与 Unicode 相关的错误
16	ZeroDivisionError	除法（或取模）运算中的除数为零（所有数据类型），简称除零错误

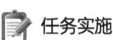 任务实施

1. 捕获异常

（1）语法格式
处理异常的四种语法格式如表 3-2 所示。

表 3-2　处理异常的四种语法格式

1
try:
　　# 尝试执行的代码
except:
　　# 出现异常的处理方法
	2
	try:
	　　# 尝试执行的代码
	except:
	　　# 出现异常的处理方法
	else:
	　　# 没有发生异常时执行的代码

3 try: 　　# 尝试执行的代码 except 异常类型 1: 　　# 针对异常类型 1 的处理方法	4 try: 　　# 尝试执行的代码 except 异常类型 1: 　　# 针对异常类型 1 的处理方法

except 异常类型 2: 　　# 针对异常类型 2 的处理方法 ……… except 异常类型 n: 　　# 针对异常类型 n 的处理方法	except 异常类型 2: 　　# 针对异常类型 2 的处理方法 ……… except 异常类型 n: 　　# 针对异常类型 n 的处理方法 else: 　　# 没有发生异常时执行的代码 finally: 　　# 不管有没有发生异常,都要执行的代码

（2）实现异常捕获

在开发程序时,如果不确定某些代码是否正确,则可以增加最常用的 try 语句来捕获异常,语法格式如下：

```
try:
    #尝试执行的代码
except:
    #出现异常的处理方法
```

try 本意为"尝试",在 try 语句下方编写要尝试执行的代码,或不确定是否能正常执行的代码；except 本意为"如果不是",在 except 语句下方编写出现异常时的处理方法。我们用一个简单的案例来开启捕获异常的学习。要求用户通过键盘输入一个整数 n,求 n 与 2 相除的余数。当输入的 n 分别是整数、小数和字符串时,其运行结果分别如图 3-3、图 3-4 和图 3-5 所示。

```
1    n=int(input('请输入一个整数:'))
2    result=n%2
3    print('{}%2={}'.format(n,result))
请输入一个整数:1099
1099%2=1
```

图 3-3　输入整数的运行结果

```
1    n=int(input('请输入一个整数:'))
2    result=n%2
3    print('{}%2={}'.format(n,result))
请输入一个整数:3.14
Traceback (most recent call last):
  File "D:\py\3.3.1.py", line 1, in <module>
    n=int(input('请输入一个整数:'))
ValueError: invalid literal for int() with base 10: '3.14'
```

图 3-4　输入小数的运行结果

```
1    n=int(input('请输入一个整数:'))
2    result=n%2
3    print('{}%2={}'.format(n,result))
请输入一个整数:cqyc
Traceback (most recent call last):
  File "D:\py\3.3.1.py", line 1, in <module>
    n=int(input('请输入一个整数:'))
ValueError: invalid literal for int() with base 10: 'cqyc'
```

图 3-5　输入字符串的运行结果

在图 3-4 和图 3-5 中，用户并没有按照提示信息输入整数，因此程序抛出了异常。但程序没有捕获异常的代码，也没有处理异常的方法，因此程序出现异常，并结束运行。

现在我们将上述代码稍做修改，把捕获异常的代码和处理异常的方法都添加到代码中，那么当用户输入数据的数据类型不正确时，程序也不会抛出异常，而是给出一个友好的提示信息。当用户分别输入"1099""3.14"和"cqyc"时，程序运行结果如图 3-6 所示。

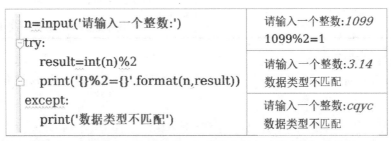

图 3-6　增加捕获异常的代码和处理错误的方法的程序运行结果

（3）捕获异常类型

程序执行时，可能会遇到不同类型的异常，并且需要针对不同类型的异常做出不同的响应，这时就需要捕获异常类型。当 Python 解释器抛出异常时，最后一行信息中的第一个单词就是异常类型。首先我们来看一个简单的除法案例，该案例捕获了两个异常类型，分别是ZeroDivisionError（除数不能为 0）和 TypeError（数据类型不匹配），程序执行结果如图 3-7所示。

```
1    a=1
2    b=0
3    print(a/b)
Traceback (most recent call last):
  File "D:\py\3.3.1.py", line 3, in <module>
    print(a/b)
ZeroDivisionError: division by zero
```

```
1    a='cqyc'
2    b=0
3    print(a/b)
Traceback (most recent call last):
  File "D:\py\3.3.1.py", line 3, in <module>
    print(a/b)
TypeError: unsupported operand type(s) for /: 'str' and 'int'
```

图 3-7　捕获异常类型的程序执行结果

在捕获了两个异常类型后，可以将异常类型应用到捕获多个异常的程序中，以增强程序的健壮性与容错性，参考代码如下：

```
def div(x,y):
    try:
        print(x/y)
    except ZeroDivisionError:
        print('除零错误！')
    except TypeError:
        print('类型错误！')
    else:
        print('运行正常！')
    finally:
        print("执行finally语句块")
        print()
div(3,0)
```

```
div('a','b')
div(1099,3)
```

程序运行结果如图 3-8 所示。

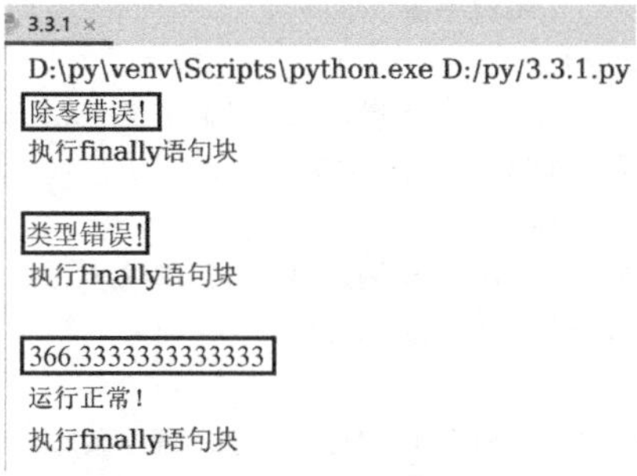

D:\py\venv\Scripts\python.exe D:/py/3.3.1.py
除零错误！
执行finally语句块

类型错误！
执行finally语句块

366.3333333333333
运行正常！
执行finally语句块

图 3-8　捕获多个异常的程序运行结果

2. 判断输入年份是否为闰年

输入任意整数年份（year），通过运行程序判断该年份是否为闰年，如果为闰年，则输出"year 是闰年"，否则输出"year 不是闰年"。闰年分为普通闰年和世纪闰年，判断方法如下：（公历）年份是 4 的倍数且不是 100 的倍数，为普通闰年；（公历）年份是 100 的倍数且是 400 的倍数，为世纪闰年。所以通常说："四年一闰，百年不闰，四百年再闰"。

首先编写第一个版本（v1.0）的程序，完成基本的功能，参考代码如下：

```
# 判断输入年份是否为闰年v1.0
year=int(input('请输入一个整数年份:'))
if ((year%4==0 and year%100!=0) or (year%400==0)):
    print('{}是闰年'.format(year))
else:
    print('{}不是闰年'.format(year))
```

运行以上代码发现，虽然能够判断输入年份是否为闰年，但是程序每运行一次都只能做一次判断，无法同时判断多个年份，因此要编写第二个版本（v2.0）的程序，实现一次运行、多次判断（按任意键继续判断，按"n"键或"N"键退出程序）。

```
# 判断输入年份是否为闰年v2.0
flag=True
while(flag):
    year = int(input('请输入一个整数年份:'))
    if ((year % 4 == 0 and year % 100 != 0) or (year % 400 == 0)):
        print('{}是闰年'.format(year))
    else:
        print('{}不是闰年'.format(year))
    action=input('继续判断闰年吗？"n"键退出，任意键继续……')
    if ((action=='n') or (action=='N')):
        print('退出成功!')
        flag=False
```

运行以上代码的结果如图 3-9 所示。

```
3.3.2 ×
D:\py\venv\Scripts\python.exe D:/py/3.3.2.py
请输入一个整数年份:1952
1952是闰年
继续判断闰年吗？"n"键退出，任意键继续......y
请输入一个整数年份:1988
1988是闰年
继续判断闰年吗？"n"键退出，任意键继续......
请输入一个整数年份:2020
2020是闰年
继续判断闰年吗？"n"键退出，任意键继续......
请输入一个整数年份:2023
2023不是闰年
继续判断闰年吗？"n"键退出，任意键继续......
```

图 3-9　判断输入年份是否为闰年的结果

如果此时输入的年份不是整数，而是一个浮点型数据，程序就会抛出异常，如图 3-10 所示。

```
请输入一个整数年份:3.14
Traceback (most recent call last):
  File "D:\py\3.3.2.py", line 4, in <module>
    year = int(input('请输入一个整数年份:'))
ValueError: invalid literal for int() with base 10: '3.14'
```

图 3-10　程序抛出异常 1

如果输入的年份不是整数，而是一个字符串类型数据，程序也会抛出异常，如图 3-11 所示。

```
请输入一个整数年份:cqcvc
Traceback (most recent call last):
  File "D:\py\3.3.2.py", line 4, in <module>
    year = int(input('请输入一个整数年份:'))
ValueError: invalid literal for int() with base 10: 'cqcvc'
```

图 3-11　程序抛出异常 2

现在，请同学们将异常处理代码添加到程序中，以增强程序的健壮性与容错性。

 任务小结

通过本次任务的学习和实践，我们了解了异常的概念，学习了常见的异常，掌握了捕获异常类型的方法，养成了良好的编程习惯。实际上，这和我们做人做事是一样的道理，同学们要努力拓展知识的宽度和深度，面对同一个问题，要多思考、多实践、多改进、多总结。没有做不到的，只有想不到的，这也是学无止境的道理。

任务四　可视化显示手机销售市场份额

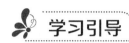 **学习引导**

	知识目标	能力目标（课程素养）	素质目标
学习目标	1. 掌握包和库的定义 2. 掌握常用的标准库 2. 了解常用的第三方库	1. 能够完成自定义包的创建和导入，并熟练使用自定义包 （接受新知识 敢闯敢试） 2. 能够熟练使用 os 标准库的常用函数和 path 子模块 （追求真理 踏实认真） 3. 能够使用 Matplotlib 第三方库绘图，并按要求生成可视化图表 （举一反三 融会贯通）	1. 培养学生学习 Python 的兴趣 2. 培养学生的自主学习能力 3. 培养学生的团队协作能力
思维导图		可视化显示手机销售市场份额 技术准备：包的定义／库的定义 任务实施：包的使用／os标准库的使用／第三方库的使用／绘制散点图／绘制柱状图／绘制饼图 强化训练：使用hist()函数绘制柱状图／使用boxplot()函数绘制箱形图／使用imshow()函数绘制热图／使用quiver()函数绘制量场图／使用contour()函数或contourf()函数绘制等高线图／使用specgram()函数绘制光谱图	

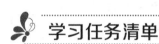 **学习任务清单**

任务名称	可视化显示手机销售市场份额
任务描述	导入第三方库，通过散点图、柱状图、饼图可视化显示相关数据，其中以饼图可视化显示 2022 年第三季度手机销售市场份额最直观
任务分析	首先安装并导入 Matplotlib 绘图库，再设置手机的品牌和第三季度的销售市场份额，最后通过调用库中的不同函数绘制对应的图表，实现可视化显示手机销售市场份额
成果展示与评价	每个小组成员都需要完成可视化显示 2022 年第三季度手机销售市场份额，最好生成两种以上的图表，小组互评后由教师评定综合成绩

 **任务描述**

Matplotlib 是 Python 的绘图库，可以用来绘制各种静态、动态、交互式的图表。它能让使

用者轻松地将数据图形化，并且提供多样化的输出格式。需要可视化显示的手机品牌包括vivo、荣耀、OPPO、苹果、小米和其他，它们的 2022 年第三季度手机销售市场份额分别为：20%、17.9%、16.3%、15.1%、12.7%和 18%。生成的图表需要显示标题和市场份额的百分比（保留 1 位小数）。

 技术准备

1. 包的定义

在情景二的任务三"有趣的随机数"中，我们已经学习了模块的基本知识，知道了 Python 模块可以有效避免命名空间冲突，还可以隐藏代码细节让我们专注于高层的逻辑，同时还可以将一个较大的程序分为多个文件，从而提升代码的可维护性和可重用性。那么什么是包呢？简单来说，包（Package）就是一个文件夹，每个包目录中都必须有 __init__.py 文件，该文件的内容可以为空。包是一个分层次的文件目录结构，是模块和子包的集合体。

2. 库的定义

Python 库（Library）是模块和包的集合，分为标准库、第三方库和自定义库。Python 的标准库也被称为 Python 的内置库，是安装 Python 时默认自带的库，常用标准库如表 3-3 所示。Python 的第三方库是由他人编写或开源分享的，是具有特定功能的模块，一般使用 pip 命令安装（需要安装至指定目录下），常用的第三方库如表 3-4 所示。标准库和第三方库的调用方式是一样的，都用 import 语句调用。自定义库是自己编写、自己使用的模块。

表 3-3　常用标准库

序号	名称	功能描述
1	os	操作系统管理
2	sys	解释器交互
3	shutil	文件管理
4	math	数学函数
5	random	随机数
6	datetime	日期和时间
7	time	时间访问和转换
8	JSON	JSON 编码和解码
9	glob	查找文件
10	urllib	HTTP 访问

表 3-4　常用的第三方库

序号	名称	类型	功能描述
1	Pandas	数据分析和可视化	数据分析
2	NumPy		科学计算的基础工具包

序号	名称	类型	功能描述
3	SciPy	数据分析和可视化	算法工具和数学工具
4	Matplotlib		2D 绘图库
5	PyEcharts		生成 ECharts 图表
6	plotly		基于浏览器的 Python 图形库
7	Scrapy	网络爬虫	分布式爬虫框架
8	requests		网络请求库
9	BS4（Beautiful Soup4）		从 HTML 或 XML 中快速提取指定的数据
10	Portia		开源可视化的爬虫规则编写工具
11	Cola		分布式的爬虫框架
12	pywin32	自动化	调用 Windows API
13	Selenium		测试 Web 应用程序的工具
14	PyMySQL		操作 MySQL 数据库
15	PyMongo		操作 MongoDB
16	OpenPyXL		处理 Excel 文档
17	Python-docx		处理 Word 文档
18	Pillow		处理图形
19	Django	Web 开发	开源 Web 应用框架
20	Flask		轻量级 Web 应用框架
21	Scikit-Learn	机器学习	机器学习（处理复杂数据）
22	TensorFlow		机器学习开源软件库
23	Pygame	游戏开发	2D 动画和游戏开发引擎
24	Pyglet		3D 动画和游戏开发引擎
25	wxPython	图形用户界面	GUI 工具 1
26	PyQt		GUI 工具 2

 任务实施

1. 包的使用

（1）创建包

Python 包和模块的结构与操作系统中的文件夹和文件类似。创建包就是创建一个文件夹，将相关的模块存储到该文件夹内。为了让 Python 将一个文件夹当作包使用，必须要在文件夹中创建一个__init__.py 文件。

首先打开 PyCharm，在当前项目（D:\py）上单击右键，选择"New"选项，然后在打开的子菜单中选择创建"Python package"，输入包名"cqcvc"后按下回车键确定即可。紧接着右键单击包名，创建三个 py 文件：__init__.py、div.py 和 leapyear.py（后两个 py 文件是任务三中求两数相除的余数和判断输入年份是否为闰年的源文件）。最后右键单击当前项目（D:\py）创建 testpackage.py 文件，创建完成后的文件结构如图 3-12 所示。

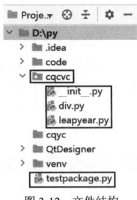

图 3-12　文件结构

（2）导入包

通过前面的学习我们知道，包从本质上讲就是模块，因此导入模块的语法同样也适用于导入包。无论是导入自定义包，还是导入第三方包，其方法都可以归纳为以下三种。

```
①import 包名[.模块名 [as 别名]]
②from 包名 import 模块名 [as 别名]
③from 包名.模块名 import 成员名 [as 别名]
```

用方括号（[]）括起来的部分是可选部分，既可以使用，也可以省略。

以前面创建好的 cqcvc 包为例，使用第一种方法导入 div 模块，并使用该模块完成两数相除的功能，参考代码和运行结果如图 3-13 所示。

图 3-13　两数相除的参考代码和运行结果

同理，导入 leapyear 模块，并使用该模块完成输入年份是否为闰年的判断，参考代码和运行结果如图 3-14 所示。

我们也可以使用其他方法。使用第二种方法导入包时不需要带包名前缀，直接使用模块名前缀即可；使用第三方法导入的函数或类时，可以直接使用函数名或类名进行调用。参考代码如下所示。

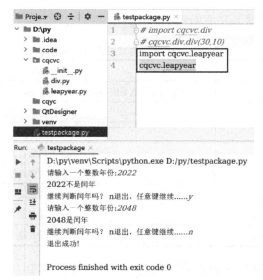

图 3-14　判断输入年份是否为闰年的参考代码和运行结果

```
#第二种方法
from cqcvc import div
div.div(30,10)
from cqcvc import leapyear
leapyear
#第三种方法
from cqcvc.div import div as cf
cf(30,10)
```

2. os 标准库的使用

在常用标准库中有一个操作文件和文件夹的 os 标准库，它能提供通用的、基本的操作系统交互功能，主要包括系统相关变量的操作、文件和目录相关的操作、执行命令和管理进程，运行代码"print(dir(os))"可以看到输出结果中包含了丰富的 os 标准库的函数，如图 3-15 所示。

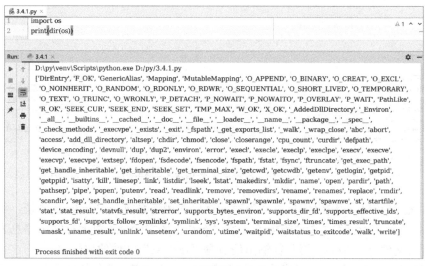

图 3-15　os 标准库包含的函数

os 标准库的常用函数及其功能如表 3-5 所示。

表 3-5　os 标准库的常用函数及其功能

序号	函数名	功能描述
1	os.name( )	获得当前操作系统类型，nt 代表 Windows 系统，posix 代表 Linux 系统
2	os.getcwd( )	获得当前工作目录
3	os.getenv('path')	读取环境变量
4	os.listdir( )	显示指定目录下的所有文件夹和文件
5	os.stat('test.txt')	获得文件属性
6	os.remove('test.txt')	删除指定文件
7	os.mkdir (name)	创建目录
8	os.rmdir (name)	删除目录

为了验证上述函数的功能，我们需要提前在当前项目中新建一个名为"text.txt"的文本文件、一个名为"过去的事情"的文件夹，准备工作完成后的效果图如图 3-16 所示。

图 3-16　准备工作完成后的效果图

将表 3-5 中的常用函数编写到 PyCharm 中，运行结果如图 3-17 所示。

图 3-17　os 标准库的常用函数运行结果

此时，通过控制台的输出信息可知当前计算机的操作系统是 Windows 系统，当前工作目录是"D:\py"。第三行到第六行的输出信息为"path"环境变量；第七行输出信息为当前工作目录下的所有文件夹和文件；第八行输出信息是"text.txt"文件的属性。

os 标准库还包含一个 path 子模块，该子模块提供了丰富的路径操作方法，可用于处理文件路径、信息等，path 子模块的常用函数如表 3-6 所示。

表 3-6 path 子模块的常用函数

序号	函数名	功能描述
1	os.path.split ('D:/py/dir.txt')	分离目录名和文件名
2	os.path.splitext('D:/py/dir.txt')	分离文件名和扩展名
3	os.path.isdir ('D:/py/dir.txt')	判断给出的路径是否为一个目录
4	os.path.isfile ('D:/py/dir.txt')	判断给出的路径是否为一个文件
5	os.path.exists('K:/py')	判断当前路径是否存在
6	os.path.getsize('D:/py/dir.txt')	获得当前文件的大小，单位为字节
7	os.path.abspath('dir.txt')	获得当前文件的绝对路径

3. 第三方库的使用

（1）NumPy

NumPy 是 Python 的一种开源的数值计算扩展，它提供了矩阵运算的功能，一般与 SciPy、Matplotlib 一起使用，可用来存储和处理大型矩阵，比 Python 自身的嵌套列表结构要高效。在情景一的任务三中已经介绍了第三方库的安装方法，这里不再赘述。

在 NumPy 中，维度（Dimensions）叫轴（Axes），轴的个数叫秩（Rank），秩就是维度的个数。也可将 Axes 理解为坐标系，Axie 是坐标系的坐标轴。一维数组的秩为 1，二维数组的秩为 2，二维数组相当于两个一维数组。下面创建一个二维数组并查看其相关属性，请尝试分析以下代码的运行结果。

```python
import numpy
n1=numpy.array([ [1,2,3],[4,5,6],[7,8,9] ])
print(type(n1))
print('n1=',n1)
print('ndim<数组维度>:',n1.ndim)
print('shape<行列数>:',n1.shape)
print('size<元素个数>:',n1.size)
print('dtype<元素类型>:',n1.dtype)
print('intesize<每个元素字节大小>:',n1.itemsize)
print('nbytes <总字节数>:',n1.nbytes )
```

上述代码运行后的结果如图 3-18 所示。

图 3-18 查看二维数组相关属性的结果

通过 array( )函数创建的数组可以参与基本运算、切片和统计分析等操作，其中，参与基本运算得到的结果会生成新的数组。现在编写代码对数组进行加、乘、比较和乘方运算，参考代码如下所示：

```
import numpy
n1=numpy.array([1,2,3])
n2=numpy.array([4,5,6])
n3=n1+n2
print(n3)
n4=numpy.arange(2,5)
n5=n3*n4
print(n5)
n6=numpy.array([20,40,60,80])
temp=n6>20
print(temp)
n7=n1**2
print(n7)
```

上述代码运行后的结果如图 3-19 所示。

```
3.4.2 ×
D:\py\venv\Scripts\python.exe D:/py/3.4.2.py
[5 7 9]
[10 21 36]
[False True True True]
[1 4 9]

Process finished with exit code 0
```

图 3-19   数组的基本运算结果

此外，还可以对数组中的数值进行统计分析，参考代码如下所示：

```
import numpy
n1=numpy.array([ [1,2,3.0],[4,5,6],[7,8,9] ])
print('求和:',n1.sum())
print('平均值:',n1.mean())
print('方差:',n1.var())
print('标准差:',n1.std())
print('最大值:',n1.max())
print('最小值:',n1.min())
```

上述代码运行后的结果如图 3-20 所示。

```
3.4.2 ×
D:\py\venv\Scripts\python.exe D:/py/3.4.2.py
求和: 45.0
平均值: 5.0
方差: 6.666666666666667
标准差: 2.581988897471611
最大值: 9.0
最小值: 1.0

Process finished with exit code 0
```

图 3-20   数组的统计分析结果

（2）Matplotlib

Matplotlib 是一个 Python 2D 绘图库，利用它可以画出许多高质量的图像，例如，仅需几行代码便可以生成散点图、柱状图、饼图等。

Matplotlib 图由构成实际图元素的层次结构组成，如图 3-21 所示。每个元素都可以修改，这些元素（即 Python 中的对象）包括坐标轴（Axis）、坐标轴名称（Axis Label）、坐标轴刻度（Tick）、坐标轴刻度标签（Tick Label）、网格线（Grid）、图例（Legend）、标题（Title）等。

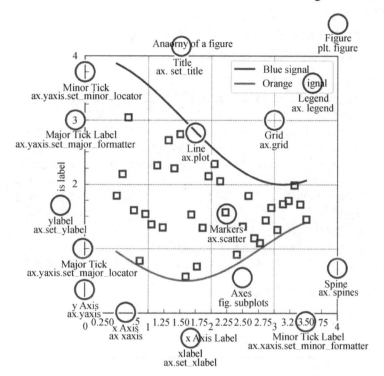

图 3-21　Matplotlib 图的构成

在 Matplotlib 中，一个图像为一个 Figure（画布）对象，一个 Figure 对象包含一个或者多个 Axes 对象，每个对象都是一个拥有独立坐标系统的绘图区域。

4. 绘制散点图

现在将 10 个同学的身高和体重分别存入 2 个列表中，并使用 scatter( )函数生成散点图，scatter( )函数格式如下：

```
scatter(x,y,s=None,c=None,marker=None,cmap=None,norm=None,vmin=None,vmax=None,alpha=None,linewidths=None, verts=None, edgecolors=None, hold=None, data=None, **kwargs)
```

scatter( )函数的参数详解如下：

x，y：x 轴和 y 轴对应的数据；

s：点的大小（即面积），可选，默认值为 20；

c：点的颜色，默认为蓝色（b→blue, r→red, k→black, y→yellow, g→green, w→white）；

marker：标记样式，可选，默认是圆点；

cmap：即 colormap，用于表示从第一个点到最后一个点的颜色是渐进变化的；

  norm：数据亮度，该参数的数据类型为 float 类型，取值范围为 0～1，可选，默认为 None；

  vmin，vmax：vmin、vmax 与 norm 结合使用。如果其中任意一个参数是 None，则使用颜色数组的最小值或最大值。注意：如果通过一个 norm 实例设置 vmin，则 vmax 会被忽略。可选，默认为 None；

  alpha：点的透明度，取值范围为 0～1，值越小代表越透明。可选，默认为 None；

  linewidths：设置标记边框的宽度值，可选，默认为 None；

  verts：设置(x, y)的顺序，可选，默认为 None；

  edgecolors：设置标记边框的颜色，可选，默认为 None。

  使用 scatter( )函数生成散点图，参考代码如下：

```python
import numpy as np
import matplotlib.pyplot as plt
#输入身高与体重数据
height = np.array([170,179,159,160,180,164,168,174,160,183])
weight = np.array([57,62,47,67,59,49,54,63,66,80])
plt.scatter(height,weight,s=70,c='r',marker='.')    #生成散点图
plt.xlabel('身高(cm)')                               #设置x轴标签
plt.ylabel('体重(kg)')                               #设置y轴标签
plt.title('散点图')                                  #设置图像标题
#防止绘图标题为中文时出现乱码
plt.rcParams['font.sans-serif']=['SimHei']
plt.show()                                          #调用绘图查看器窗口
```

  上述代码运行后的结果如图 3-22 所示。

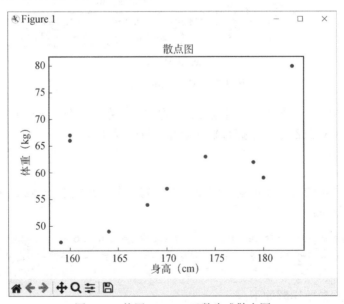

图 3-22 使用 scatter( )函数生成散点图

5. 绘制柱状图

  使用 bar( )函数生成一个单系列柱状图，参考代码如下：

```python
import numpy as np
```

```
import matplotlib.pyplot as plt
x = np.arange(1,11)
# 生成10个1～20之间的任意整数
y = np.random.randint(1,20,10)
plt.rcParams['font.sans-serif']=['SimHei']
plt.title('柱状图')
plt.bar(x, y)
plt.show()
```

上述代码运行后的结果如图 3-23 所示。

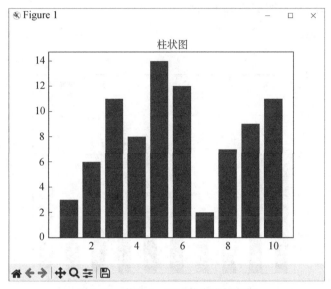

图 3-23 使用 bar( )函数生成柱状图

除了单系列柱状图，Matplotlib 还提供了其他类型的柱状图，如多系列柱状图、堆叠图、水平的条形图等。plot( )函数适用于基本图表的绘制，kind 的可选类型包括线形图、柱状图、密度图、堆叠图、面积图等，grid 用于显示网格，colormap 用于展示颜色，如果不填颜色参数，则会显示默认的颜色。

多系列柱状图的参考代码如下：

```
import numpy as np
import pandas as pd
import matplotlib.pyplot as plt
plt.rcParams['font.sans-serif']=['SimHei']
df = pd.DataFrame(np.random.rand(10, 3), columns = ['张三', '李四', '王五'])
df.plot(kind = 'bar', grid = True, colormap = 'viridis',stacked = True)
plt.show()
```

上述代码运行后的结果如图 3-24 所示。

6. 绘制饼图

使用 pie( )函数生成饼图，参考代码如下：

```
import numpy as np
import matplotlib.pyplot as plt
```

```
x = np.random.randint(1, 10, 6)
plt.title('2022年第三季度手机销售市场份额')
areas  = [0.2,0.179,0.163,0.151,0.127,0.18]
explode=[0.1,0,0,0,0,0]
labels = ['vivo','荣耀','OPPO','苹果','小米','其他']
plt.rcParams['font.sans-serif']=['SimHei']
plt.pie(areas  ,labels=labels,explode=explode,autopct='%1.1f%%',shadow=False,startangle=100)
plt.show()
```

上述代码运行后的结果如图 3-25 所示。

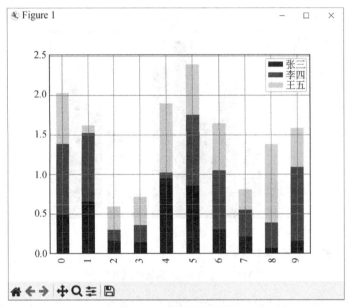

图 3-24　多系列柱状图

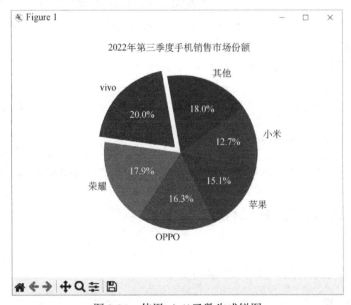

图 3-25　使用 pie( )函数生成饼图

强化训练

我们已经学习了散点图、柱状图和饼图的绘制方法，请同学们利用业余时间举一反三，分别使用 hist( )函数绘制柱状图，使用 boxplot( )函数绘制箱形图，使用 imshow( )函数绘制热图，使用 quiver( )函数绘制量场图，使用 contour( )函数或 contourf( )函数绘制等高线图、使用 specgram( )函数绘制光谱图。

 任务小结

通过本次任务的学习和实践，我们了解了包与库的定义，掌握了创建包和导入包的方法，并且通过任务引导，熟练运用标准库来大幅提高程序开发的效率，并能够安装第三方库和使用第三方库的特定功能。

功能强大的第三方库可以让开发者站在巨人的肩膀上工作，将重要工作由"造轮子"变成"找轮子"，而一个好的"轮子"有以下特征：开源、低耦合、有开发文档、接口友好、社区相对活跃等。为了找到"好轮子"，同学们需要具备信息检索能力、外文资料阅读能力和代码阅读能力，并且要注重平时的经验积累，正所谓："不积跬步无以至千里，不积小流无以成江海。"

任务五　文件操作

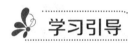 学习引导

	知识目标	能力目标（课程素养）	素质目标
学习目标	1. 掌握文件的类型 2. 了解编码的格式 3. 掌握文件的读写模式 3. 掌握打开文件与关闭文件的方法	1. 能够熟练掌握文件的打开和关闭方法 （接受新知识 敢闯敢试） 2. 能够根据实际情况选择正确的文件读写模式 （追求真理 踏实认真） 3. 能够熟练掌握三个读文件函数和两个写文件函数的功能及差异 （举一反三 融会贯通）	1. 培养学生学习 Python 的兴趣 2. 培养学生的自主学习能力 3. 培养学生的团队协作能力
思维导图	文件操作 —— 技术准备 —— 文件的类型 / 编码的格式 任务实施 —— 文件的打开与关闭 / 读文件和写文件 强化训练 —— 将指定路径的文件夹名（含子文件夹名）和文件名保存到指定文件中		

学习任务清单

任务名称	文件操作
任务描述	将计算机中的指定目录下的所有文件夹名（含子文件夹名）和文件名保存到文本文件中
任务分析	首先使用 open( )函数新建一个文本文件，再使用 for 循环搭配 os.walk( )遍历指定目录下的文件夹名和文件名；接着在循环体中使用两个 for 循环分别遍历输出文件夹名和文件名，最后在两个子循环中使用 write( )函数将文件夹名和文件名保存到文本文件中
成果展示与评价	每个小组成员都需要完成读文件和写文件的操作，小组成员协同完成强化训练，小组互评后由教师评定综合成绩

 ## 任务描述

身处信息时代，同学们要养成数据备份的习惯，建议对计算机或手机上的重要资料定期进行备份，避免数据丢失。在计算机硬盘分区的目录下（如 C 盘、D 盘、E 盘），通常都存放着很多重要的文件夹（含子文件夹）和文件。本次任务需要将指定目录下的文件夹名（含子文件夹名）和文件名扫描并输出到控制台上，再将其保存到一个文本文件中。

教学视频

技术准备

1. 文件的类型

在 Python 中，我们可以通过内置函数来操作计算机上的文件，并对文件进行读写操作，即常见的 I/O 操作。根据文件中的数据的组织方式，可将文件分为文本文件（txt 文件、htm 文件、lrc 文件、py 文件）和二进制文件（声音、图像、视频）。

2. 编码的格式

编码又称代码，可用预先规定的方法将文字、数字或其他对象编成数字编码，或将信息、数据转换成规定的电脉冲信号。它在电子计算机、遥控电视和通信等方面被广泛使用。常见的编码格式有 ASCII、ANSI、GBK、GB2312、Unicode、UTF-8 等。编码规则有单字节字符编码、ANSI 编码和 Unicode 编码等。

ASCII：美国信息交换标准代码（即 ASCII）是基于拉丁字母的一套计算机编码系统，主要适用于现代英语和其他西欧语言。它是最通用的信息交换标准，等同于国际标准 ISO/IEC 646。1967 年，ASCII 第一次以规范、标准的类型发表，最后一次更新是在 1986 年，到目前为止，ASCII 共定义了 128 个字符，比如大写字母 A 的编码是 65，小写字母 a 的编码是 97。

GBK 和 GB2312：在计算机中显示中文字符是至关重要的，因此需要一个可以将中文字符和数字对应起来的关系表。1 字节最多只能表示 256 个字符，显然用 1 字节表示中文字符是不够的，因此用 2 字节来表示中文字符。GB2312/T—1980 是我国发明的，它包含了常用汉字、拉丁字母、平假名等，1 个字符占 2 字节，存在一对一关系，1 个二进制码对应一个字符。

Unicode：各个国家都有自己的编码格式，虽然在本国使用自己的编码格式是没有问题的，但如果在国家与国家之间使用就会出现问题，编码格式不一样会导致乱码，因此 Unicode 诞生了。Unicode 涵盖了目前人类使用的所有字符，并为每个字符进行了统一编号，这样就不存在乱码问题了，常用的操作系统和大多数编程语言都支持 Unicode。

UTF-8：UTF-8 是目前主流的 Unicode 编码方案之一，它采用了 Unicode 的编号规则，但对存储进行了优化，不是所有的字符都使用同一字节数，而是对不同的字符采用不同的字节数进行存储和使用，所以 UTF-8 能够节省空间。

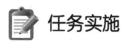 任务实施

1. 文件的打开与关闭

（1）文件的打开

在 Python 中一般使用内置函数 open( ) 来打开文件，open( ) 函数调用的是操作系统的接口。打开文件可以使用 open( ) 和 with open( ) 两个函数来完成，具体格式如下：

```
f1 = open(文件名,读写模式,encoding='utf-8')
with open(文件名,读写模式,encoding='utf-8') as f2:
```

上述格式中 f1 和 f2 均是变量，又称文件句柄，对文件进行任何操作都得通过"文件句柄.方法"的形式来完成。其中，文件名是需要打开的文件的名称。读写模式可以省略，默认采用只读模式，文件读写模式和描述如表 3-7 所示。"encoding='utf-8'"用于告诉 Python 解释器要按照 UTF-8 的编码格式来读取程序。

表 3-7 文件读写模式和描述

序号	读写模式	描述
1	r	以只读方式打开文件（默认方式）
2	w	以只写方式打开文件（打开时清空文件）
3	a	打开文件，在文件末尾添加数据
4	rb	以只读方式打开二进制文件
5	wb	以只写方式打开二进制文件
6	ab	以添加方式打开二进制文件
7	+	放在以上的读写模式后，用来设置读写模式

注意事项：

①"+"放在读写模式后面，用于添加该模式没有的读文件功能或写文件功能，如文件末尾的"a+"表示可读可写，文件末尾的"w+"表示可读可写，而且要先清空内容再写入。

②凡是带"r"的文件打开方式（r、r+、rb、rb+），都是打开已存在的文件，否则会出错。

③凡是带"w"和"a"的文件打开方式（w、w+、wb、wb+、a、a+），都是打开已存在的文件，如果文件不存在，则会新建此文件。

如果在当前项目中（"D\py"）已经有一个 test.txt 文件，则可以直接使用"r"模式打开。如果 test.txt 文件不在当前目录中，则可以在文件名前加上绝对路径（D:\\py\\test.txt）。打开一个存在的文件的参考代码如下：

```
print('打开一个存在的文件')
f1=open('test.txt','r')
print('文件打开成功!')
```

在当前项目中没有 yc.txt 文件，但如果一定要打开此文件，则需要先创建，然后再打开；或者直接使用"w"模式自动新建并打此文件。打开一个没有的文件的参考代码如下：

```
print('打开一个没有的文件')
f2=open('yc.txt','w')
print('文件打开成功!')
```

此时，当前项目已经自动创建 yc.txt 文件并成功打开该文件。

（2）文件的关闭

在使用完文件后，切记使用 close( )函数关闭已打开的文件。考虑到数据的安全性，在每次使用完文件后，都要使用 close( )函数关闭文件，否则程序一旦崩溃，很可能导致文件中的数据丢失。因此在文件打开并使用完后，一定要及时关闭，同学们要养成这个好习惯。参考代码如下：

```
print('正准备打开一个文件')
f1=open('D:\\py\\test.txt','w+')
print('文件打开成功')
f1.close()
print('文件已经关闭')
```

在上述案例中，每次都要先用 open( )函数打开文件，然后再用 close( )函数关闭文件。事实上，我们可以使用打开文件的第二种方法——使用 with open( )函数来简化代码，with open( )函数会自动关闭文件。下面是使用 with open( )函数简化后的代码：

```
print('正准备打开一个文件')
with open('D:\\py\\test.txt','w+') as f1:
    print('文件打开成功')
print('文件已经关闭')
```

2. 读文件和写文件

（1）读文件

可以用函数 read( )、readline( )和 readlines( )来读取文件的内容。

①read( )：一次性读取文件中的内容，可使用参数 size 来控制读取文件的字节数，如果省略该参数则表示一次性读取全部内容。现在使用 read( )函数读取当前项目中的 cqcvc.txt 文件的内容，参考代码如下，输出效果如图 3-26 所示。

```
print('打开指定文件')
f1=open('D:\\py\\cqcvc.txt',encoding='UTF-8')
print('读取文件内容')
infor=f1.read()
print('文件内容如下：')
print(infor)
f1.close()
print('文件已经关闭')
```

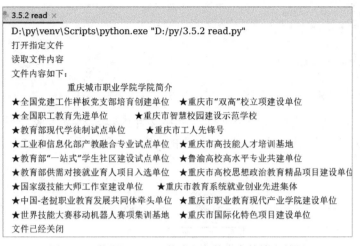

图 3-26　使用 read( )函数读取文件内容的输出效果

②readline( )：每次只读取文件中的一行数据，如果给定了参数 size，则以字符串形式返回一行数据的部分内容，每行数据的结尾都有一个换行符（\n）。现在使用 readline( )函数读取 cqcvc.txt 文件中的第一行数据，参考代码和输出效果如图 3-27 所示。

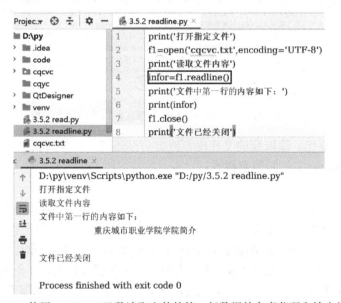

图 3-27　使用 readline( )函数读取文件的第一行数据的参考代码和输出效果

从上述代码可以很清楚地看到，readline( )函数只读取了文件中的第一行数据，并且在数据结尾增加了一个换行符。请同学们思考一下，如何使用 readline( )函数读取整个文件的所有数据呢？我们可以使用循环语句来辅助完成，只要读取到的这一行数据不为空，就继续读取下一行数据，直到将文件中的所有数据全部读取完毕。参考代码如下，请同学们自行验证运行结果。

```
print('打开指定文件')
f=open('cqcvc.txt',encoding='UTF-8')
print('文件内容如下：')
while True:
```

```
        infor=f.readline()
        if infor=="":
                break
        print(infor,end='')
f.close()
print('文件已经关闭')
```

③readlines( )：可一次读取一个文件，并将文件内容自动解析成一个列表。现在使用
readlines( )函数读取当前项目中的 cqcvc.txt 文件的内容，运行效果如图 3-28 所示。

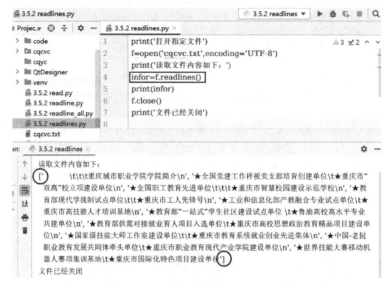

图 3-28　使用 readlines( )函数读取文件内容的运行效果

从图 3-28 可以看出，读取到的文件内容被自动存储到了一个列表中。此时只需遍历整个
列表即可得到 cqcvc.txt 文件的原有格式。

（2）写文件

下面介绍两个可以向已打开文件写入数据的函数：write( )、writelines( )。

①write( )：该函数用来将文本字符串写入已经创建的文件中。现在我们使用 open( )函数
打开文件 yc.txt，再使用 write( )函数将以下内容写入 yc.txt 文件中："永川位于长江上游北岸、
重庆西部，因三河汇碧形如篆文"永"字、山形如"川"字而得名，东距重庆中心城区 55 千
米，西离成都 276 千米，是成渝地区双城经济圈枢纽节点、重庆主城都市区战略支点。"。参
考代码如下，运行效果如图 3-29 所示。

```
print('打开yc.txt文件')
f=open('yc.txt','r+',encoding='UTF-8')
infor=f.read()
print('文件原内容是：'+infor)
print('在文件末尾添加文字')
f.write('永川位于长江上游北岸、重庆西部，\n'
'因三河汇碧形如篆文"永"字、山形如"川"字而得名，\n'
'东距重庆中心城区55千米，西离成都276千米，\n'
'是成渝地区双城经济圈枢纽节点、重庆主城都市区战略支点。\n')
print('文件末尾添加文字成功')
```

```
f.close()
print('文件已经关闭')
```

图 3-29　使用 write( )函数向文件中写入内容的运行效果

②writelines( )：该函数可把序列中的多个字符串一次性全部写到文件中。需要注意的是，序列中的内容也必须为字符串类型。我们使用 open( )函数打开文件 yc.txt，再使用 writelines( )函数将以下内容写入 yc.txt 文件中："中国重庆永川城职"，最后重新读取该文件中保存的信息，参考代码如下，运行效果如图 3-30 所示。

```
print('打开yc.txt文件')
f=open('yc.txt','w+',encoding='UTF-8')
print('将序列内容写入文件')
infor=['中国','重庆','永川','城职']
f.writelines(infor)
print('序列内容写入成功')
f.close()
print('文件已经关闭')
print('再打开yc.txt文件')
with open('yc.txt','r',encoding='UTF-8') as f1:
    print('现在yc.txt文件内容是：',end=' ')
    print(f1.read())
print('文件已经关闭')
```

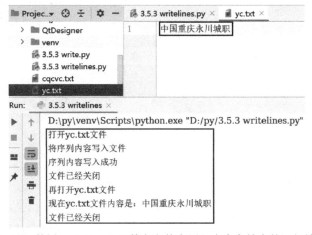

图 3-30　使用 writelines( )函数向文件中写入多个字符串的运行效果

强化训练

扫描当前计算机 E 盘中的文件夹名（含子文件夹名）和文件名，并将其保存到 "dir.txt" 文本文件中。

 任务小结

通过本次任务的学习和实践，我们了解了文件的类型和编码格式，掌握了打开文件和关闭文件的方法，以及读文件和写文件的方法，并且通过任务引导，能够根据实际需求熟练运用 read( )函数、readline( )函数和 readlines( )函数读取文件内容，使用 write( )函数和 writelines( )函数向文件中写入内容。最后通过强化训练将本次任务的文件操作应用和上次任务中包与库的应用联系起来，达到了巩固拓展、举一反三的目的。

情景四　Python 与办公自动化

任务一　Word 自动化

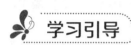 学习引导

	知识目标	能力目标（课程素养）	素质目标
学习目标	1. 了解 Python-docx 的特点 2. 掌握新建 Word 文档的方法 2. 掌握写入 Word 文档的方法 3. 掌握读取 Word 文档的方法	1. 能够按要求完成 Word 文档的创建，并在 Word 文档中写入指定内容 （接受新知识　敢闯敢试） 2. 能够熟练掌握在 Word 文档中插入图片和表格的方法 （追求真理　踏实认真） 3. 能够通过创建自定义样式来优化代码、提高效率，同时熟练掌握读取 Word 文档的方法 （举一反三　融会贯通）	1. 增强学生学习 Python 的兴趣 2. 培养学生的自主学习能力 3. 培养学生的团队协作能力
思维导图	Word自动化 　技术准备 —— Python-docx简介 　任务实施 —— 新建和写入Word文档 　　　　　　　插入图片和表格 　　　　　　　样式处理 　　　　　　　读取Word文档 　强化训练 —— 读取其他Word文档		

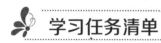 学习任务清单

任务名称	Word 自动化
任务描述	编写程序读取指定 Word 文档中的所有内容
任务分析	首先打开需要读取的 Word 文档，接着使用第一个 for 循环读取并输出文档中的标题、段落和列表，最后使用第二个 for 循环读取表格内容并输出到控制台上
成果展示与评价	每个小组成员都需要完成 Word 文档的新建、写入、读取操作，以及插入图片和表格，完成样式处理，小组互评后由教师评定综合成绩

任务描述

一个 Word 文档通常包含很多内容，如页眉、页脚、标题、段落、图片、列表、表格等。现在编写代码读取 Word 文档中的标题、段落、列表和表格内容，并将读取到的信息输出到控制台上。

 **技术准备**

Python-docx 简介

Python-docx 是一个用于创建和修改 Word 文档的 Python 库，它可实现 Word 文档的自动化处理，包括批量生成 Word 文档，在 Word 文档中进行批量查找内容和替换内容，在 Word 文档中插入 Excel 表格，将 Word 文档批量转换成 PDF 文档等。它提供了全套的 Word 文档操作，是一个很实用的办公自动化库。

Python-docx 将文档看作一个 Document 对象，每个 Document 对象包含多个代表"段落"的 Paragraph 对象，并将其存放在 document.paragraphs 中。每个 Paragraph 对象都有多个代表"行内元素"的 Run 对象，以及代表"内容"的 text 对象、代表"表格"的 tables 对象，文档的基本结构如图 4-1 所示。

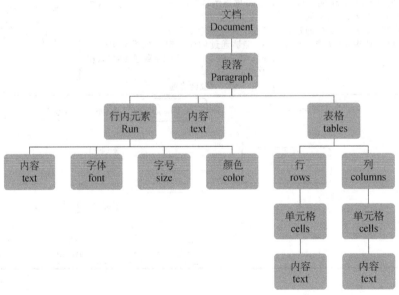

图 4-1　文档的基本结构

 任务实施

1. 新建和写入 Word 文档

（1）新建 Word 文档

在 Python-docx 中，一个 Word 文档用一个 Document 对象表示，所以如果要新建一个

Word 文档，只需要实例化一个 Document 对象即可，参考代码如下：

```
from docx import Document
#第一步：创建一个文档对象doc1
doc1 = Document()
#第二步：使用对象调用save()函数保存文档
doc1.save(cqcvc.docx')
print('创建文档成功！')
```

通过上述两个步骤创建了一个名为"cqcvc.docx"的文档，双击文档就可以打开这个新建的 Word 文档，但这个 Word 文档是空的，没有任何信息。

（2）写入 Word 文档

在编辑 Word 文档前，首先要选中操作对象，再把 Word 文档的标题、段落等对象先写入这个文档中，写入 Word 文档的参考代码如下：

```
from docx import Document
#读取现有的Word文档
doc1 =Document('cqcvc.docx')
#添加Word文档标题和段落
doc1.add_heading('重庆城市职业学院简介',level=0)
doc1.add_paragraph('重庆城市职业学院是教育部备案，\
重庆市人民政府举办，重庆市教委主管的全日制公办高等院校。')
#添加一级标题和段落
doc1.add_heading('办学理念',level=1)
doc1.add_paragraph('行大道 启大智 铸大匠 通大悟')
doc1.add_heading('校训',level=1)
doc1.add_paragraph('求德 求知 求技 求悟')
doc1.add_heading('校风',level=1)
doc1.add_paragraph('坚卓勤勉 自强奋进')
doc1.add_heading('教风',level=1)
doc1.add_paragraph('德润匠心 善导业精')
doc1.add_heading('学风',level=1)
doc1.add_paragraph('红色匠心 精益求精')
#保存文档
doc1.save('cqcvc.docx')
print('写入文档成功！')
```

运行上述代码，并双击 cqcvc.docx 文档，效果如图 4-2 所示。

其实，在将对象写入 Word 文档时，可以同时设置格式，比如设置字体、字号和颜色等，参考代码如下，效果如图 4-3 所示。

```
from docx import Document
from docx.shared import Pt
from docx.oxml.ns import qn
from docx.shared import RGBColor
doc1 =Document('cqcvc.docx')
doc1.add_heading('重庆城市职业学院简介',level=0)
```

```
doc1.add_paragraph('重庆城市职业学院是教育部备案, \
重庆市人民政府举办, 重庆市教委主管的全日制公办高等院校。')
doc1.add_heading('办学理念',level=1)
t1=doc1.add_paragraph().add_run('行大道 启大智 铸大匠 通大悟')
t1.font.name = 'Times New Roman'
t1.font.element.rPr.rFonts.set(qn('w:eastAsia'), '黑体')#设置字体
t1.font.size=Pt(15)                                  #设置字号
t1.font.bold=True                                    #设置加粗
t1.font.italic=True                                  #设置斜体
t1.font.underline=True                               #设置下画线
doc1.add_heading('校训',level=1)
t2=doc1.add_paragraph().add_run('求德 求知 求技 求悟')
t2.font.name = 'Times New Roman'
t2.font.element.rPr.rFonts.set(qn('w:eastAsia'), '楷体')
t2.font.color.rgb = RGBColor(255,0,0)                #设置颜色(红色)
t2.font.outline=True                                 #设置轮廓线
t2.font.size=Pt(15) ; t2.font.bold=True ; t2.font.italic=True
doc1.add_heading('校风',level=1)
t3=doc1.add_paragraph().add_run('坚卓勤勉 自强奋进')
t3.font.name = 'Times New Roman'
t3.font.element.rPr.rFonts.set(qn('w:eastAsia'), '仿宋')
t3.font.color.rgb = RGBColor(0,0,255)                #设置颜色(蓝色)
t3.font.shadow = True                                #设置阴影
t3.font.size=Pt(15) ; t3.font.bold=True ; t3.font.italic=True
doc1.add_heading('教风',level=1)
t4=doc1.add_paragraph().add_run('德润匠心 善导业精')
t4.font.name = 'Times New Roman'
t4.font.element.rPr.rFonts.set(qn('w:eastAsia'), '隶书')
t4.font.color.rgb = RGBColor(0,255,255)              #设置颜色(青色)
t4.font.size=Pt(15) ; t4.font.bold=True ; t4.font.italic=True
doc1.add_heading('学风',level=1)
t5=doc1.add_paragraph().add_run('红色匠心 精益求精')
t5.font.name = 'Times New Roman'
t5.font.element.rPr.rFonts.set(qn('w:eastAsia'), '华文彩云')
t5.font.color.rgb = RGBColor(255,0,255)              #设置颜色(紫色)
t5.font.size=Pt(15) ; t5.font.bold=True ; t5.font.italic=True
doc1.save('cqcvc.docx')
print('修改文档成功！')
```

2. 插入图片和表格

在编辑 Word 文档时，经常需要向文档中插入图片和表格，调整图片的高度和宽度，往表格中插入标题，向单元格中添加数据。如果只是插入几幅图片、几个表格，则可以直接使用应用软件完成。但是如果要处理的图片和表格的数据量很大，则首选通过编写程序来快速完成批量的重复操作。插入图片和表格的参考代码如下，效果如图 4-4 所示。

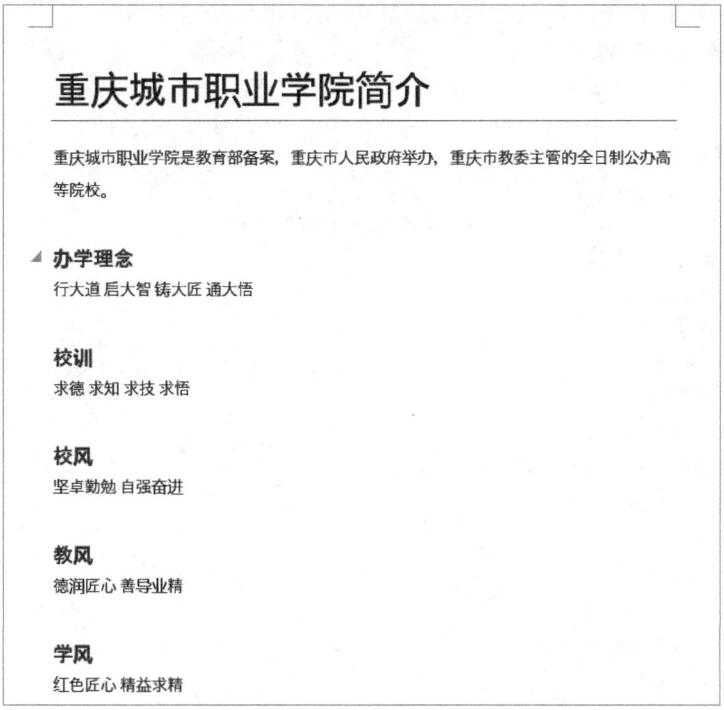

图 4-2　将对象写入 Word 文档中的效果

图 4-3　设置格式的效果

```
from docx import Document
from docx.shared import Pt
doc1 = Document()
doc1.add_heading('文档中插入图片和表格',level=0)
#插入图片 cqcvc.jpg
```

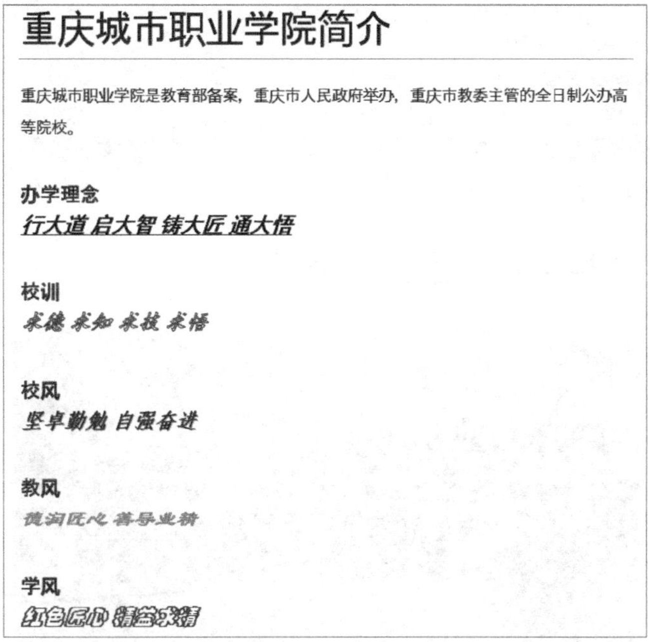

```
doc1.add_picture('D:\\yd\\cqcvc.jpg',Pt(435),Pt(230))
print('文档中插入图片成功！')
#插入3行3列的表格,'Table Grid'是表格边框常用的样式
table = doc1.add_table(rows=3,cols=3,style='Table Grid')
#定位第一个表格
table = doc1.tables[0]
table.add_row()                    #在表格最底部添加一行
# 在标题行单元格添加关键字
hc= table.rows[0].cells
hc[0].text='学号'
hc[1].text='姓名'
hc[2].text='年龄'
row1 = table.rows[1]
row1.cells[0].text = '2022001'
row1.cells[1].text = '张三'
row1.cells[2].text ='18'
row2 = table.rows[2]
row2.cells[0].text = '2022002'
row2.cells[1].text = '李四'
row2.cells[2].text ='19'
row3= table.rows[3]
row3.cells[0].text = '2022003'
row3.cells[1].text = '王五'
row3.cells[2].text ='20'
print('文档插入表格成功！')
doc1.save('insert_pic_table.docx')
print('文档保存成功！')
```

图 4-4 在 Word 文档中插入图片和表格的效果

从上述代码可以发现，第 18 行代码到第 29 行代码高度相似，其作用均是往不同的单元格中添加数据。我们可以使用 for 循环语句对上述代码进行优化，将所有需要添加的数据存到一个列表中，每一行的单元格的内容都可以通过下标从列表中逐一取出。请同学们独立实现以上功能。

3. 样式处理

Word 文档中有很多段落，每个段落的中文字体、英文字体、字号、颜色等都设置成相同的样式。为了优化代码、提高效率，我们可以提前按照要求创建一个样式对象，并将此样式对象按要求设置好。以后再添加段落则无须设置，直接应用该样式对象即可，样式处理的参考代码如下，效果如图 4-5 所示。

```
from docx import Document
from docx.enum.style import WD_STYLE_TYPE
from docx.enum.text import WD_PARAGRAPH_ALIGNMENT
from docx.shared import Pt,RGBColor
from docx.oxml.ns import qn
doc1 = Document()
header = doc1.sections[0].header                       #获取第一节的页眉
header.add_paragraph('重庆城市职业学院欢迎你！')        #添加页眉
footer = doc1.sections[0].footer                       #获取第一节的页脚
footer.add_paragraph('重庆市永川区兴龙大道1099号')      #添加页脚
#创建样式对象s1
s1 = doc1.styles.add_style('textstyle', WD_STYLE_TYPE.PARAGRAPH)
s1.font.name = 'Times New Roman'
s1.font.element.rPr.rFonts.set(qn('w:eastAsia'), '仿宋')#设置字体
s1.font.size = Pt(16)                                  #设置字号
s1.font.color.rgb = RGBColor(0, 0, 255)                #设置颜色
#首行缩进两个字符
paragraph_format=s1.paragraph_format
paragraph_format.first_line_indent=406400
t0=doc1.add_heading('重庆城市职业学院简介',level=0)
t0.alignment = WD_PARAGRAPH_ALIGNMENT.CENTER#标题居中
doc1.add_heading('历史沿革',level=1)
#应用样式
doc1.add_paragraph(style=s1).add_run('学校发轫于1950年，始为重庆工人政治学校，\
后为重庆市工会干部学校；2004年4月，经重庆市人民政府批准，同意在重庆市职工\
大学、重庆市工会干部学校基础上，设立重庆城市职业学院；2013年9月，经重庆市\
人民政府批准，行政主管部门由重庆市总工会变更为重庆市教育委员会；\
2021年7月，入选"重庆市高水平高职学校建设单位"。')
doc1.add_heading('区位优势',level=1)
#应用样式
doc1.add_paragraph(style=s1).add_run('学校地处西部职教基地、重庆永川国家级高新区、\
大数据产业园核心地段，坐拥观音山公园和凤凰湖公园，是一所建在高新园区和都市\
公园里的大学，毗邻永川万达广场、乐和乐都主题公园，环境优美、交通便捷，\
乘高铁到重庆主城仅需16分钟。')
```

```
doc1.add_heading('办学条件',level=1)
#应用样式
doc1.add_paragraph(style=s1).add_run('学校占地910余亩，校舍建筑面积30万平方米\
（含规划在建面积），现有全日制在校学生1万余人。学校现有教学科研实训用房\
6万平方米，图书馆近9000平方米，馆藏图书44万余册，电子图书100万册，\
学生公寓7.4万平方米。学校立足"重庆市智慧校园示范校"项目建设，\
打造"数据开放共享、资源丰富优质、治理透明高效、服务便捷周到、\
信息安全可靠"的高水平"智慧城职"。\
建有校内实践教学基地70余个，校外实习实训基地200余个。')
doc1.save('style.docx')
print('样式处理成功！')
```

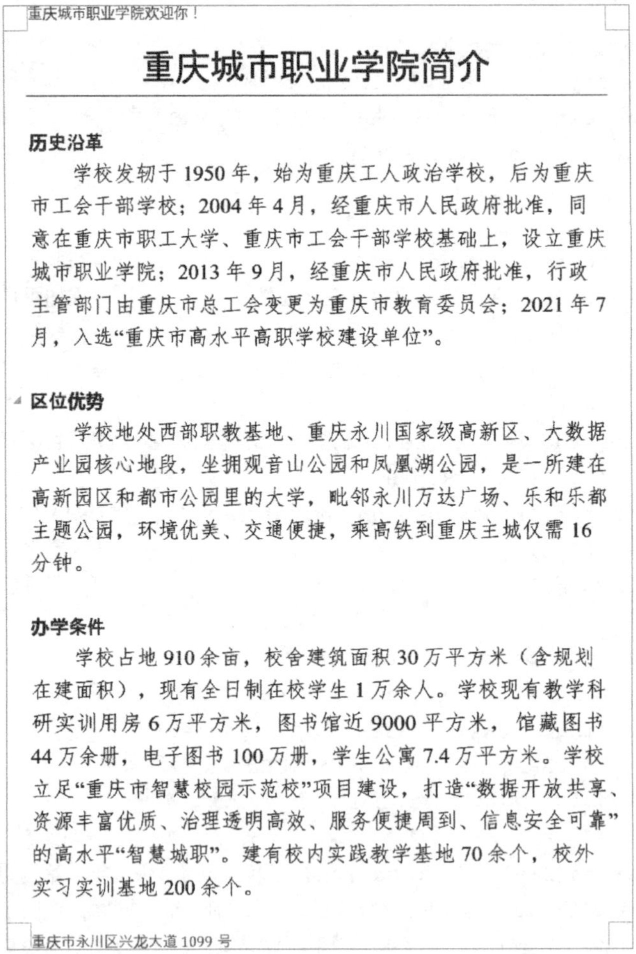

重庆城市职业学院欢迎你！

重庆城市职业学院简介

历史沿革

　　学校发轫于1950年，始为重庆工人政治学校，后为重庆市工会干部学校；2004年4月，经重庆市人民政府批准，同意在重庆市职工大学、重庆市工会干部学校基础上，设立重庆城市职业学院；2013年9月，经重庆市人民政府批准，行政主管部门由重庆市总工会变更为重庆市教育委员会；2021年7月，入选"重庆市高水平高职学校建设单位"。

区位优势

　　学校地处西部职教基地、重庆永川国家级高新区、大数据产业园核心地段，坐拥观音山公园和凤凰湖公园，是一所建在高新园区和都市公园里的大学，毗邻永川万达广场、乐和乐都主题公园，环境优美、交通便捷，乘高铁到重庆主城仅需16分钟。

办学条件

　　学校占地910余亩，校舍建筑面积30万平方米（含规划在建面积），现有全日制在校学生1万余人。学校现有教学科研实训用房6万平方米，图书馆近9000平方米，馆藏图书44万余册，电子图书100万册，学生公寓7.4万平方米。学校立足"重庆市智慧校园示范校"项目建设，打造"数据开放共享、资源丰富优质、治理透明高效、服务便捷周到、信息安全可靠"的高水平"智慧城职"。建有校内实践教学基地70余个，校外实习实训基地200余个。

重庆市永川区兴龙大道1099号

图4-5　样式处理的效果

4. 读取 Word 文档

如果需要读取 Word 文档的内容，可参考如下代码，输出结果如图4-6所示。

```
from docx import Document
# 打开文档
document = Document('style.docx')
```

```
# 读取标题、段落、列表内容
ps = [ paragraph.text for paragraph in document.paragraphs]
for p in ps:
    print(p)
# 读取表格内容
ts = [table for table in document.tables]
for t in ts:
    for row in t.rows:
        for cell in row.cells:
            print(cell.text, end=' ')
        print()
```

4.1.6 read_docx ✕   ⚙

D:\py\venv\Scripts\python.exe "D:/py/4.1.6 read_docx.py"
重庆城市职业学院简介
历史沿革
学校发轫于1950年，始为重庆工人政治学校，后为重庆市工会干部学校；2004年4月，经重庆市人民政府批准，同
    意在重庆市职工大学、重庆市工会干部学校基础上，设立重庆城市职业学院；2013年9月，经重庆市人民政府批准，
    行政主管部门由重庆市总工会变更为重庆市教育委员会；2021年7月，入选"重庆市高水平高职学校建设单位"。
区位优势
学校地处西部职教基地、重庆永川国家级高新区、大数据产业园核心地段，坐拥观音山公园和凤凰湖公园，是一所建
    在高新园区和都市公园里的大学，毗邻永川万达广场、乐和乐都主题公园，环境优美、交通便捷，乘高铁到重庆主
    城仅需16分钟。
办学条件
学校占地910余亩，校舍建筑面积30万平方米（含规划在建面积），现有全日制在校学生1万余人。学校现有教学科
    研实训用房6万平方米，图书馆近9000平方米，馆藏图书44万余册，电子图书100万册，学生公寓7.4万平方米。
    学校立足"重庆市智慧校园示范校"项目建设，打造"数据开放共享、资源丰富优质、治理透明高效、服务便捷周到、
    信息安全可靠"的高水平"智慧城职"。建有校内实践教学基地70余个，校外实习实训基地200余个。

学号 姓名 年龄
2022001 张三 18
2022002 李四 19
2022003 王五 20
```

图 4-6 读取 Word 文档中的内容的输出结果

**强化训练**

根据所学内容举一反三，尝试读取自己计算机上的其他 Word 文档。

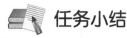 **任务小结**

通过本次任务的学习和实践，我们了解了 Python-docx 第三方库的特点，掌握了 Word 文档的基本结构，并且通过任务引导，熟练完成了 Word 文档的新建、写入等操作，能够在 Word
```

Python程序设计教程（工作手册式）

文档中插入图片和表格，掌握了样式的创建和应用，能够通过编写程序读取指定 Word 文档的内容。建议同学们用函数实现有针对性的功能，需要的时候直接调用函数即可，无须重复编码。

任务二　Excel 自动化

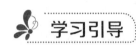 学习引导

	知识目标	能力目标（课程素养）	素质目标
学习目标	1. 了解第三方库 xlwt、xlrd、OpenPyXL、xlwings、Pandas、XlsxWriter 的功能和特点 2. 了解使用 xlwt 和 OpenPyXL 创建 Excel 文件的方法，以及写入 Excel 文件的方法 3. 了解使用 xlrd 和 OpenPyXL 读取 Excel 文件的方法	1. 能够按照要求分别使用 xlwt 和 OpenPyXL 创建 Excel 文件和写入 Excel 文件 （接受新知识　敢闯敢试） 2. 能够熟练使用 xlrd 和 OpenPyXL 读取 Excel 文件 （追求真理　踏实认真） 3. 能够将本次任务和上次任务结合起来，完成 Excel 文件读取，并批量生成 Word 文件 （举一反三　融会贯通）	1. 增强学生学习 Python 的兴趣 2. 培养学生的自主学习能力 3. 培养学生的团队协作能力
思维导图			

思维导图内容：

Excel自动化
- 技术准备 —— Python处理Excel文件的第三方库
- 任务实施 —— Excel文件的创建和写入 / 读取Excel文件 / 读取Excel文件并批量生成Word文件
- 强化训练 —— 读取其他Excel文件，并按要求批量生成Word文件

 学习任务清单

任务名称	Excel 自动化
任务描述	使用 xlrd 或 OpenPyXL 读取 Excel 文件，再通过 Python-docx 生成 Word 文件
任务分析	首先分别导入 xlrd 和 Python-docx，打开 Excel 文件获取第一个工作表； 其次使用 xlrd 或 OpenPyXL 读取名为"data.xlsx"的题库文件，将试题信息全部保存到列表中； 接着使用 for 循环语句控制批量生成 Word 文件的数量； 最后通过 Python-docx 创建文件对象，将读取到的试题按样式写入 Word 文件并保存
成果展示与评价	每个小组成员都需要用两种方法完成 Excel 文件的创建、写入和读取，小组分工读取 Excel 文件并批量生成 Word 文件，小组互评后由教师评定综合成绩

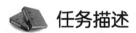 任务描述

有一个 Excel 题库文件，名为"data.xlsx"，文件的首行内容为关键字，包括序号、题目、类型、选项 A、选项 B、选项 C、选项 D 和分值。现在先使用 xlrd 或 OpenPyXL 读取"data.xlsx"题库文件，并通过 for 循环语句控制批量生成 Word 文件的数量，最后使用 Python-docx 创建文件对象，将读取到的试题按样式写入 Word 文件并保存。

 技术准备

Python 处理 Excel 文件的第三方库

Python 处理 Excel 文件常用的第三方库有 xlwt、xlrd、OpenPyXL、xlwings、Pandas、XlsxWriter 等。

xlwt 可以实现指定表单、指定单元格的写入操作，但只支持 Excel 2007 之前的版本，保存的格式也只有 xls 格式，单个工作表（Sheet）的数据不能超过 65535 行。

xlrd 是一个能从 Excel 文件中读取数据和格式化信息的库，支持 xls 格式及 xlsx 格式，可以读取行数、列数、行值、列值，也可以读取单元格的值、数据类型，还可以增加、删除、修改表格数据，同时还可以导出、导入工作表。

OpenPyXL 主要针对 Excel 2007 之后的版本，可以读写 xlsx、xlsm、xltx、xltm 等格式的 Excel 文件，支持文件读写、单元格操作、公式运算、绘图、数据透视表等功能。它对文件大小没有限制，可以轻松实现 Excel 自动化办公。

xlwings 能够非常方便地读写 Excel 文件中的数据，并且能修改单元格格式。它不仅支持读取 xls 格式的文件，还支持读写 xlsx 格式的文件。此外，它可以和 Matplotlib、NumPy 及 Pandas 无缝连接，支持读写 NumPy、Pandas 数据类型，可将 Matplotlib 可视化图表导入到 Excel 文件中。xlwings 不仅可以调用 Excel 文件中用 VBA 编写的程序，也可以用 VBA 调用通过 Python 编写的程序。

Pandas 提供了非常强大的功能操作 Excel，是处理 Excel 文件的重要工具。Pandas 中的 DataFrame 类似于 Excel 工作表，虽然 Excel 文件可以包含多个工作表，但 Pandas 中的 DataFrame 独立存在。

XlsxWriter 完美兼容各种版本的 Excel，速度快且占用内存空间小，可以用来编写文本、数字、公式和超链接。它支持的功能也很多，如格式化、单元格合并、图表功能等，但不支持读取和编辑现有的 Excel 文件。

总体而言，使用 xlwt、xlrd 和 OpenPyXL 读写较小文件的速度差别不大，但当面对较大文件时，xlwt、xlrd 的读写速度明显优于 OpenPyXL。不过因为 xlwt 无法创建 xlsx 格式的文件，所以如果要提高效率又不影响结果，就可以考虑用 OpenPyXL 执行写入操作，用 xlrd 执行读取操作。

 任务实施

1. Excel 文件的创建和写入

（1）xlwt

因为 xlwt 只支持 Excel 2007 之前的版本，单个工作表的数据不能超过 65535 行，且保存

的文件扩展名为 ".xls"，所以一旦数据量过大就无法使用了。使用 xlwt 实现 Excel 文件的创建和写入一共有 4 个步骤，分别为：①创建 Excel 文件；②创建工作表；③在工作表中填充数据；④保存文件。参考代码和效果如图 4-7 所示。

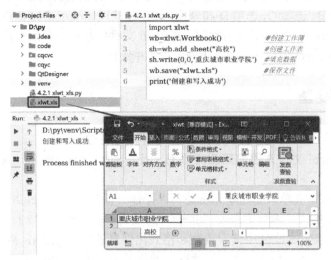

图 4-7　使用 xlwt 实现 Excel 文件的创建和写入的参考代码和效果

在图 4-7 中，Excel 文件名 "xlwt" 后面显示 "[兼容模式]"，说明当前打开的文档是 Excel 的旧版文档。

（2）OpenPyXL

使用 OpenPyXL 实现 Excel 文件的创建和写入，参考代码如下，效果如图 4-8 所示。

```python
from openpyxl import Workbook
wb = Workbook()                       #创建Excel文件
ws = wb.active                        #创建工作表
ws.title='七大特色专业群'              #设置工作表名称
ws['A1'] = '序号'                     #设置第1列第1行单元格的内容
ws['B1'] = '专业群'
data={ 1:'工业机器人技术', 2:'市场营销', 3: '大数据技术', 4:'航空技术',
       5:'智能建造', 6:'文旅康养', 7:'创意设计'}
row=2                                 #从第2行开始
for key, value in data.items():
    ws.append([key, value])          #一次添加一行数据(必须是可迭代对象)
wb.save("openpyxl.xlsx")             #保存 Excel 文件
print("创建和写入 Excel成功")
```

2. 读取 Excel 文件

（1）xlrd

在成功安装 xlrd 后，使用 xlrd 读取 xlsx 格式的 Excel 文件通常会出现如下的错误提示。

```
xlrd.biffh.XLRDError: Excel xlsx file; not supported
```

这是因为新版的 xlrd（2.0.1 版本）取消了对 xls 格式以外的 Excel 文件的支持，所以不支持 xlsx 格式的 Excel 文件。

图 4-8　使用 OpenPyXL 实现 Excel 文件的创建和写入的参考代码和效果

如果要使用 xlrd 读取 xlsx 格式的 Excel 文件，则需要先卸载已安装的新版 xlrd（2.0.1 版本），再安装旧版 xlrd（1.2.0 版本），卸载及安装命令分别如下：

```
pip uninstall xlrd
pip install xlrd==1.2.0
```

当然，也可通过 PyCharm 更新已安装的第三方库，操作方法如图 4-9 所示，在设置好需要的版本后，单击"Install Package"按钮进行更新。

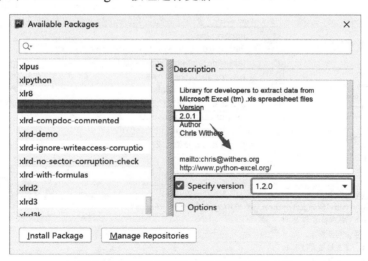

图 4-9　更新已安装的第三方库的操作方法

前期的准备工作已经结束，现在开始编写程序。通过 xlrd 读取指定的 xlsx 格式的 Excel 文件，完成简单的读取功能，参考代码和效果如图 4-10 所示。

如果需要将 Excel 文件中的数据全部读取出来，则可以使用 for 循环语句按行或按列读取数据。按行读取数据的参考代码和效果如图 4-11 所示。

按列读取数据的方法与按行读取数据的方法类似，参考代码和效果如图 4-12 所示。

图 4-10　通过 xlrd 读取 xlsx 格式的 Excel 文件的参考代码和效果

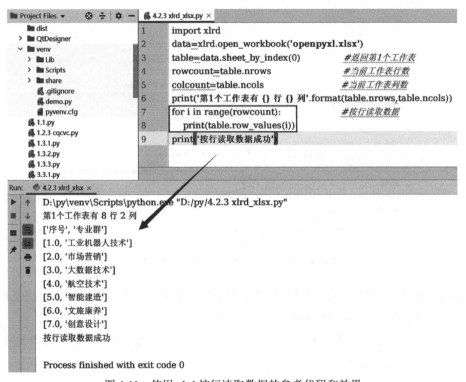

图 4-11　使用 xlrd 按行读取数据的参考代码和效果

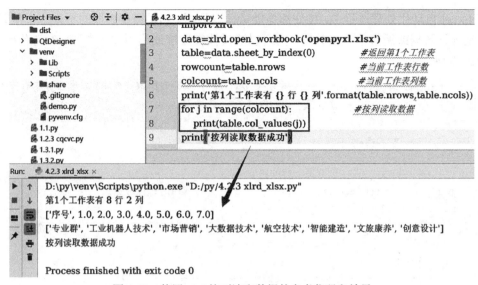

图 4-12　使用 xlrd 按列读取数据的参考代码和效果

（2）OpenPyXL

使用 OpenPyXL 读取 Excel 文件中的数据时要特别注意，OpenPyXL 的列、行起始标识不再从 0 开始，而是从 1 开始的。从 Excel 文件中读取的数据只有两种类型，即浮点型和字符串型，参考代码和运行的效果如图 4-13 所示。

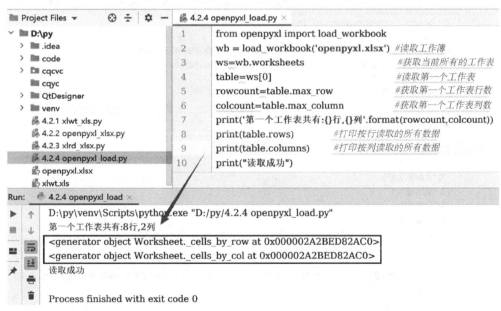

图 4-13　使用 OpenPyXL 从 Excel 文件中读取数据的参考代码和运行效果

从图 4-13 可以发现，直接打印按行或按列读取的所有数据，输出的结果是一个可迭代对象，而不是真实的数据。如果需要获取某一个单元格内的真实数据，可以指定行数和列数进行读取，操作代码如下：

```
print( table.cell(row=1, column=2).value )
```

在 Excel 自动化处理过程中，往往都是批量读取数据。如果需要读取的不是一个单元格数据，而是一行数据或所有单元格数据，则可以通过按行读取或遍历读取实现，参考代码如下，效果如图 4-14 所示。

```
print( table.cell(row=8, column=2).value )  #读取指定行数和列数的单元格数据
print('----------------读取第一行的内容----------------')
for row  in table[1]:                        #读取第一行内容
    print(row.value,end='\t')
print()
print('----------------读取每一行的内容----------------')
for rows  in list(table.rows):               #遍历每行数据
    templist = []
    for cell in rows:                        #取出每一行的每个单元格的数据
        templist.append(cell.value)
    print(templist)
print('----------------读取每一列的内容----------------')
for cols  in list(table.columns):            #遍历每列数据
    templist = []
    for cell  in cols:                       #取出每一列的每个单元格的数据
        templist.append(cell.value)
print(templist)
print("读取成功")
```

```
4.2.4 openpyxl_load ×
D:\py\venv\Scripts\python.exe "D:/py/4.2.4 openpyxl_load.py"
第一个工作表共有:8行,2列
<generator object Worksheet._cells_by_row at 0x0000015DB02F7B30>
<generator object Worksheet._cells_by_col at 0x0000015DB02F7B30>
创意设计
---------------读取第一行的内容---------------
序号	专业群
---------------读取每一行的内容---------------
['序号', '专业群']
[1, '工业机器人技术']
[2, '市场营销']
[3, '大数据技术']
[4, '航空技术']
[5, '智能建造']
[6, '文旅康养']
[7, '创意设计']
----------------读取每一列的内容---------------
['序号', 1, 2, 3, 4, 5, 6, 7]
['专业群', '工业机器人技术', '市场营销', '大数据技术', '航空技术', '智能建造', '文旅康养', '创意设计']
读取成功

Process finished with exit code 0
```

图 4-14　使用 OpenPyXL 批量读取数据的效果

3. 读取 Excel 文件并批量生成 Word 文件

在情景四的任务一中，我们已经学习了如何使用 Python-docx 新建和写入 Word 文件，在本次任务中又掌握了创建、写入和读取 Excel 文件的方法。现在我们把这两次任务的重要知识点

结合起来，完成读取 Excel 文件并批量生成 Word 文件的功能，xlsx 格式的题库文件的内容如图 4-15 所示，批量生成 Word 文件的效果如图 4-16 所示。

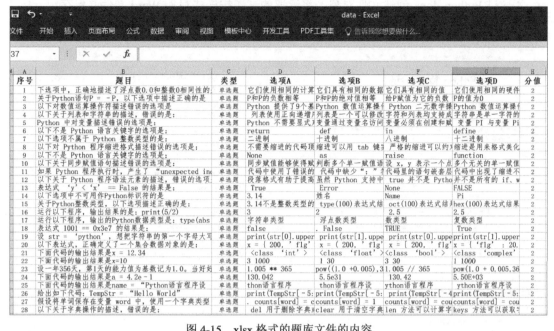

图 4-15　xlsx 格式的题库文件的内容

图 4-16　批量生成 Word 文件的效果

完成本次任务的具体操作步骤如下：

①导入 xlrd、Python-docx 第三方库，打开题库文件并获取第一个工作表。

②使用 xlrd 读取准备好的"data.xlsx"题库文件，将试题信息全部保存到列表中。

③使用 for 循环语句控制批量生成的 Word 文件的数量。

④通过 Python-docx 创建文件对象，将读取的试题按样式写入 Word 文件并保存。

Word 文件如图 4-17 所示，请同学们以小组为单位协同完成以上功能。

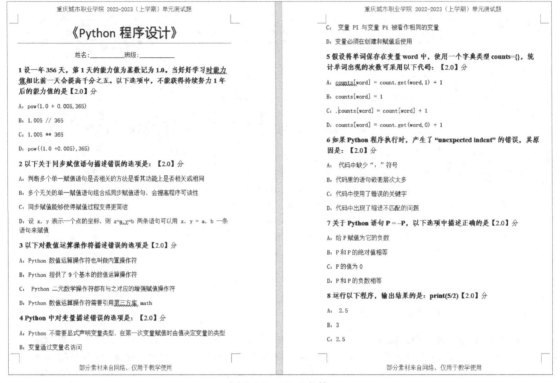

图 4-17　Word 文件

 任务小结

通过本次任务的学习和实践，我们了解了常用的 Excel 第三方库，掌握了 xlwt、xlrd、OpenPyXL 的使用方法，并且通过任务引导，熟练完成了 Excel 文件的创建、写入和读取操作。同时将 Excel 和 Word 结合，完成了读取 Excel 文件并批量生成 Word 文件的训练，达到了巩固提高、融会贯通的目的。

任务三　PPT 自动化

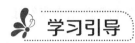 学习引导

	知识目标	能力目标（课程素养）	素质目标
学习目标	1. 了解 Python-pptx 的功能和特点 2. 了解 PPT 文件的基本结构 3. 了解创建 PPT 文件的方法	1. 能够向指定的某一张幻灯片写入主标题和副标题，添加文本框并写入内容（接受新知识 敢闯敢试） 2. 能够熟练掌握添加图形和图片、写入表格和图表的方法（追求真理 踏实认真） 3. 能够将本次任务和上次任务结合起来，完成读取 Excel 文件并批量生成多张幻灯片（学以致用 学用相长）	1. 增强学生学习 Python 的兴趣 2. 培养学生的自主学习能力 3. 培养学生的团队协作能力
思维导图	PPT 自动化 　技术准备——Python-pptx简介 　任务实施——创建PPT文件／写入PPT文件／读取PPT文件／读取Excel文件并批量生成多张幻灯片 　强化训练——读取其他Excel文件并按模版批量生成多张幻灯片		

 学习任务清单

任务名称	PPT 自动化
任务描述	使用 Pandas 读取 Excel 文件，再通过 Python-pptx 按模板批量生成多张幻灯片
任务分析	首先分别导入 Pandas 和 Python-pptx，使用 read_excel( )函数读取 Excel 文件数据； 其次在读取到数据后，使用 to_dict( )函数让列名与每一行的值形成字典，并保存在一个列表中； 接着读取提前准备好的文件，并构建 PPT 文件对象； 接着在外层 for 循环中遍历 Excel 文件，在循环体中创建 pptx 格式的 PPT 文件，并设置幻灯片版式，获取当前幻灯片中所有的占位符； 在内层 for 循环中遍历所有占位符，依次将占位符里的内容修改为遍历出来的信息； 最后保存 PPT 文件，完成任务
成果展示与评价	每个小组成员都需要完成 PPT 文件的创建、写入和读取任务，小组成员分工读取 Excel 文件并按模板批量生成多张幻灯片，小组互评后由教师评定综合成绩

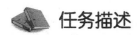 **任务描述**

有一个名为"data.xlsx"的 Excel 文件，该文件是本课程的单元测试题库，文件首行内容为关键字：序号、题目、类型、选项 A、选项 B、选项 C、选项 D 和分值。现在需要先使用 Pandas 第三方库来读取该 Excel 文件，然后按照 PPT 模板将序号、题目等批量生成多张幻灯片并保存为 PPT 文件。

 **技术准备**

Python-pptx 简介

Python-pptx 为 Python 的第三方库，用于自动生成和更新 PowerPoint 文件（即 PPT 文件），使用之前需要先使用命令"pip install python-pptx"进行安装（支持 Python 2.6/2.7/ 3.3/3.4/3.6 版本），它的依赖库（lxml、Pillow、XlsxWriter）会随之自动安装，安装完成后通过命令"import pptx"导入。

Python 中的 PPT 文件的基本结构用 Silde、Shape、Run 来表示。Slide（幻灯片）就是演示文稿中每一页的页面；Shape，即方框、形状、文本框；Run（文字块）一般为较少字符和段落。在幻灯片中添加文本框、图形、图片、表格和图表等对象的方法如图 4-18 所示。

图 4-18　在幻灯片中添加对象的方法

任务实施

1. 创建 PPT 文件

通过 add_slide()函数插入自定义版式的幻灯片，创建 pptx 格式的 PPT 文件，参考代码如下，效果如图 4-19 所示。

```
import pptx
#得到 PPT 文件的对象obj
obj=pptx.Presentation()
#插入幻灯片
obj.slides.add_slide(obj.slide_layouts[0])#版式1
```

```
obj.slides.add_slide(obj.slide_layouts[1])#版式2
obj.slides.add_slide(obj.slide_layouts[2])#版式3
#保存pptx格式的PPT文件
obj.save('ppt1.pptx')
print('任务完成')
```

图 4-19　创建 pptx 格式的 PPT 文件的效果

2. 写入 PPT 文件

（1）写入主标题和副标题

在指定幻灯片中写入主标题和副标题的参考代码如下，效果如图 4-20 所示。

```
import pptx
#读取(创建)一个pptx格式的PPT文件
obj=pptx.Presentation('ppt1.pptx')
#访问第一张幻灯片
slide=obj.slides[0]
#修改占位符里的内容(slide.placeholders)
center_title1 = slide.placeholders[0]          #主标题
sub_title1 = slide.placeholders[1]             #副标题
center_title1.text = '重庆城市职业学院'
sub_title1.text = '重庆市永川区兴龙大道1099号'
#访问第二张幻灯片
slide=obj.slides[1]
center_title2 = slide.placeholders[0]          #主标题
sub_title2 = slide.placeholders[1]             #副标题
center_title2.text = '学院简介'
sub_title2.text = '重庆城市职业学院是教育部备案，重庆市人民政府举办，\
重庆市教委主管的全日制公办高等院校。'
obj.save('ppt1.pptx')
```

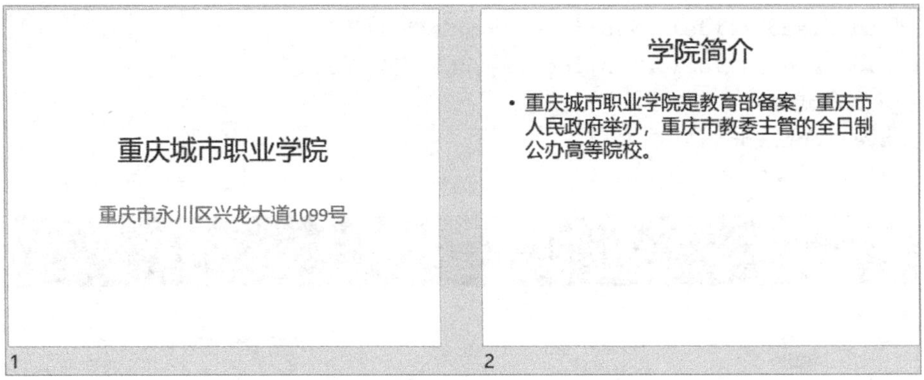

图 4-20　写入主标题和副标题的效果

（2）添加文本框并写入内容

通过 add_textbox( )函数在幻灯片的指定位置插入文本框，参数依次为 left、top、width、height，分别代表文本框左侧边缘和幻灯片左侧边缘的距离、文本框顶端与幻灯片顶端的距离、文本框的宽度、文本框的高度。添加文本框并写入内容的参考代码如下，效果如图 4-21 所示。

```python
import pptx
from pptx.util import Cm,Pt
#读取(创建)一个 PPT 文件对象
obj=pptx.Presentation('ppt1.pptx')
#访问第二张幻灯片
slide=obj.slides[1]
#设置与文本框、幻灯片相关的 4 个参数
left=Cm(8);top=Cm(13); width=Cm(15); height=Cm(3)
#添加文本框并写入内容
text_box = slide.shapes.add_textbox(left, top, width, height)
tf = text_box.text_frame
tf.text = '地址：重庆市永川区兴龙大道1099号'
p1 = tf.add_paragraph()
p1.text = '招生热线：023-49578000 49579000'
p1.line_spacing = 1.5          #1.5倍行距
p1.font.name = '仿宋'           #字体
p1.font.bold = True            #加粗
p1.font.size = Pt(20)          #字号
p2 = tf.add_paragraph()
p2.text = '电子信箱：info@cqcvc.edu.cn'
p2.font.name = '仿宋'
p2.font.bold = True
p2.font.size = Pt(20)
obj.save('ppt1.pptx')
print('任务完成')
```

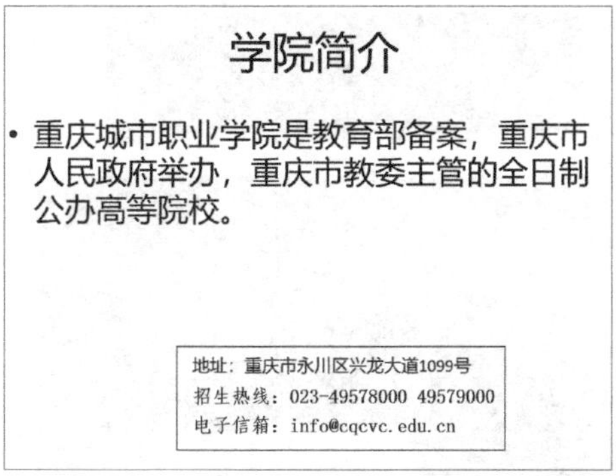

图 4-21　添加文本框并写入内容的效果

（3）添加图形和图片

可通过 add_shape( )函数在幻灯片的指定位置添加图形，函数中的第一个参数为图形类型，后续参数依次对应左侧距离、顶端距离、图形宽度、图形高度。可通过 add_picture( )函数在幻灯片的指定位置添加图片，参数依次对应左侧距离、顶端距离、图片宽度、图片高度、图片路径。添加图形和图片的参考代码如下，效果如图 4-22 所示。

```
import pptx
from pptx.enum.shapes import MSO_SHAPE
from pptx.dml.color import RGBColor
from pptx.util import Cm,Pt
#读取(创建)一个pptx格式的PPT文件对象
obj=pptx.Presentation('ppt1.pptx')
#访问第三张幻灯片
slide=obj.slides[2]
#1.添加图形
left=Cm(6);top=Cm(2); width=Cm(12); height=Cm(3)
shape=slide.shapes.add_shape(MSO_SHAPE.ROUNDED_RECTANGLE, left, top, width,
height)
#设置填充色(纯色)
fill=shape.fill
fill.solid()
fill.fore_color.rgb=RGBColor(102,102,255)
#设置边线框
line=shape.line
line.color.rgb=RGBColor(255,255,255)
line.color.brightness = 0.5
line.width=Pt(2)
#2.添加图片并设置左侧距离、顶端距离、图片宽度、图片高度、图片路径
left = top = Cm(6)
width = height=Cm(5)
#如果省略width、height，则使用图片的原始大小
pic = slide.shapes.add_picture('d:\\yd\\cqcvc.jpg', left, top)
obj.save('ppt1.pptx')
print('任务完成')
```

图 4-22　添加图形和图片的效果

（4）添加表格和图表

　　首先通过 add_table( )函数在幻灯片的指定位置添加指定行数、指定列数的表格，函数的参数依次对应左侧距离、顶端距离、表格宽度、表格高度。在表格添加完成后，通过 merge( )方法合并单元格，通过 cell( )方法获取指定单元格，并通过设置 text 属性来为单元格设置文本内容。随后使用 add_chart( )函数添加图表，函数的第一个参数为图表类型，后续参数依次为左侧距离、顶端距离、图表宽度、图表高度。添加表格和图表的参考代码如下，效果如图 4-23 所示。

```python
import pptx
from pptx.util import Cm,Pt
from pptx.chart.data import CategoryChartData
from pptx.enum.chart import XL_CHART_TYPE
#读取(创建)一个pptx格式的PPT文件对象
obj=pptx.Presentation('ppt1.pptx')
#添加幻灯片
new_slide = obj.slide_layouts[6]        #版式7
slide = obj.slides.add_slide(new_slide)
rows = 5; cols = 4                      #表格的行数、列数
left = top = Cm(1);width = Cm(10);height = Cm(5)
table = slide.shapes.add_table(rows, cols, left, top, width, height).table
# 合并指定的单元格
cell=table.cell(0,0);cell1=table.cell(0,3);cell.merge(cell1)
table.cell(0,0).text='学生基本信息'      #第一行
table.columns[0].width = Cm(4)          #第一列宽
table.columns[1].width = Cm(4)          #第二列宽
table.columns[2].width = Cm(4)          #第三列宽
table.columns[3].width = Cm(2)          #第四列宽
table.rows[0].height = Cm(1.5)          #第一行高
#学生基本信息
data = [
    ['学号','姓名','班级','年龄'],        ['2022001','张三','一班','19'],
    ['2022002','李四','二班','18'],      ['2022003','王五','三班','20'],
]
#填充基本信息
```

```
for row in range(rows):
    if row>3: break
    for col in range(cols):          #跳过标题行，从第二行开始写入单元格内容
                table.cell((row+1), col).text = data[row][col]
#图表基本数据
chart_data = CategoryChartData()
chart_data.categories = ['重庆', '四川','湖北']#X轴
chart_data.add_series('重庆', (21.2, 21.4, 18.7))
chart_data.add_series('四川', (22.3, 25.6, 15.2))
chart_data.add_series('湖北', (21.4, 26.3, 14.2))
#将图表添加到幻灯片中
chart=slide.shapes.add_chart(XL_CHART_TYPE.COLUMN_CLUSTERED,\
            Cm(4), Cm(7), Cm(16), Cm(10),chart_data).chart
chart.has_title=True                 #是否显示标题
chart.chart_title.text_frame.text='第一季度销售额'       #设置标题
chart.has_legend=True                #是否显示图例
obj.save('ppt1.pptx')
print('任务完成')
```

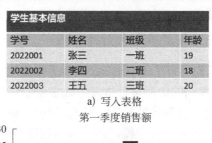

a) 写入表格

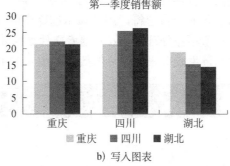

b) 写入图表

图 4-23　添加表格和图表的效果

3. 读取 PPT 文件

读取 pptx 格式的 PPT 文件的参考代码如下，输出结果如图 4-24 所示。

```
import pptx
#读取pptx格式的PPT文件对象
obj=pptx.Presentation('ppt1.pptx')
slides=len(obj.slides)
print('当前文件一共有',str(slides),'页幻灯片')
for slide in obj.slides:                #获取幻灯片
    for shape in slide.shapes:          #获取形状
        if shape.has_text_frame:        #判断是否有文字
            text_frame=shape.text_frame
            #获取形状中的段落
```

```
            for paragraph in text_frame.paragraphs:
                print(paragraph.text)
    print('读取任务完成')
```

```
4.3.5 pptx_read
D:\py\venv\Scripts\python.exe "D:/py/4.3.5 pptx_read.py"
当前文件一共有 4 页幻灯片
重庆城市职业学院
重庆市永川区兴龙大道1099号
学院简介
重庆城市职业学院是教育部备案，重庆市人民政府举办，重庆市教委主管的全日制公办高等院校。
招生热线：023-49578000 49579000
电子信箱：info@cqcvc.edu.cn
地址：重庆市永川区兴龙大道1099号
招生热线：023-49578000 49579000
电子信箱：info@cqcvc.edu.cn
```

图 4-24　读取 pptx 格式的 PPT 文件的输出结果

在图 4-24 中，招生热线和电子信箱都输出了两次，但地址却只输出了一次。请同学们分析一下，这是什么原因造成的呢？请在上文的“2. 写入 PPT 文件”中的“(2) 添加文本框并写入内容”这一部分找寻答案。

4. 读取 Excel 文件并批量生成多张幻灯片

在情景四的任务二中，我们学习了读取 Excel 文件并批量生成 Word 文件的方法，现在读取同一个 Excel 文件，并将读取到的信息按行批量生成多张幻灯片。建议同学们在编写程序代码前，先设置好幻灯片的模板，将学校的校徽、校名及科目等信息放在合适的位置，并将其调整为合适的大小，再分别插入 6 个占位符，用于显示题库中的序号、题目、选项 A、选项 B、选项 C、选项 D（类型、分值不做处理）。Excel 题库文件如图 4-25 所示，PPT 模板如图 4-26 所示，读取 Excel 文件并批量生成多张幻灯片的效果如图 4-27 所示。

data - Excel

文件　开始　插入　页面布局　公式　数据　审阅　视图　模板中心　开发工具　PDF工具集　告诉我您想要做什么...

37

序号	题目	类型	选项A	选项B	选项C	选项D	分值
1	下选项中，正确地描述了浮点数0.0和整数0相同性的:	单选题	它们使用相同的计算	它们具有相同的数据	它们具有相同的值	它们使用相同的硬件	2
2	关于Python语句P = -P，以下选项中描述正确的是	单选题	P和P的负数相等	P和P的绝对值相等	给P赋值为它的负数	P的值为0	2
3	以下对数值运算操作符描述错误的选项是	单选题	Python 提供了9个基	Python 数值运算操作	Python 二元数学操	Python 数值运算操作	2
4	以下关于列表和字符串的描述，错误的是:	单选题	列表使用正向递增序	列表是一个可以修改	字符和列表均支持成	字符串是单一字符的	2
5	Python 中对变量描述错误的选项是:	单选题	Python 不需要显式声	变量通过变量名访问	变量必须在创建和赋	变量 PI 与变量 Pi	2
6	以下不是 Python 语言关键字的选项是:	单选题	return	def	in	define	2
7	以下选项不属于 Python 整数类型的是:	单选题	二进制	十进制	八进制	十二进制	2
8	以下对 Python 程序缩进格式描述错误的选项是:	单选题	不需要缩进的代码顶	缩进可以用 tab 键实	严格的缩进可以约束	缩进是用来格式美化	2
9	以下不是 Python 语言关键字的选项是:	单选题	None	as	raise	function	2
10	以下关于同步赋值语句描述错误的选项是:	单选题	同步赋值能够使得赋	判断多个单一赋值语	设 x，y 表示一个点	多个无关的单一赋值	2
11	如果 Python 程序执行时，产生了 “unexpected ind	单选题	代码中使用了错误的	代码中缺少“:”符	代码里的语句嵌套层	代码中出现了缩进不	2
12	以下关于 Python 程序语法元素的描述，错误的选项	单选题	段落格式有助于提高	虽然 Python 支持中	true 并不是 Pytho	并不是所有的 if、w	2
13	表达式 ‘y’ < ‘x’ == False 的结果是:	单选题	True	Error	None	FALSE	2
14	以下选项中不可用作Python标识符的是	单选题	3.14	姓名	Name	Pi	2
15	关于Python整数类型，以下选项描述正确的是:	单选题	3.14不是整数类型的	type(100)表达式结	oct(100)表达式结果	hex(100)表达式结果	2
16	运行以下程序，输出结果的是: print(5/2)	单选题	3	2	2.5	2.5	2
17	运行以下程序，输出的Python数据类型是: type(abs	单选题	字符串类型	浮点数类型	数类型	复数类型	2
18	表达式 1001 == 0x3e7 的结果是:	单选题	false	. False	TRUE	True	2
19	设 str = ‘python’，想把字符串的第一个字母大写	单选题	print(str[0].upper	print(str[1].uppe	print(str[0].uppe	print(str[1].upper	2
20	以下表达式，正确定义了一个集合数据对象的是:	单选题	x = { 200, ’ flg’	x = (200, ’ flg’	x = [200, ’ flg’	x = { ‘flg’ : 20.	2
21	下面代码的输出结果是x = 12.34	单选题	〈class ‘int’〉	〈class ‘float’〉	〈class ‘bool’〉	〈class ‘complex’	2
22	下面代码的输出结果是x=10	单选题	3 1000	1 30	3 30	1 1000	2
23	设一年356天，第1天的能力值为基数记为1.0。当好好	单选题	1.005 ** 365	pow((1.0 +0.005),3	1.005 // 365	pow(1.0 + 0.005,36	2
24	下面代码的输出结果是a = 4.2e - 1	单选题	130.042	5.5e31	130.42	5.50E+03	2
25	下面代码的输出结果是name = “Python语言程序设	单选题	thon语言程序	thon语言程序设	ython语言程序	ython语言程序设	2
26	给出如下代码: TempStr = “Hello World”	单选题	print(TempStr[- 5:	print(TempStr[- 5:	print(TempStr[- 4	print(TempStr[- 5:	2
27	假设将单词保存在变量 word 中，使用一个字典类型	单选题	. counts[word] = c	counts[word] = 1	counts[word] = cou	counts[word] = cou	2
28	以下关于字典操作的描述，错误的是:	单选题	del 用于删除字典	clear 用于清空字典	len 方法可以计算字	keys 方法可以获取	2

图 4-25　Excel 题库文件

图 4-26　PPT 模板

图 4-27　读取 Excel 文件并批量生成多张幻灯片的效果

强化训练

　　请根据读取 Excel 文件并批量生成多张幻灯片的案例，尝试读取其他 Excel 文件并按模版批量生成多张幻灯片。

 任务小结

　　通过本次任务的学习和实践，我们了解了 Python-pptx 第三方库和 PPT 文件的基本结构，掌握了创建 PPT 文件的方法，并且通过任务引导，能够熟练地向指定幻灯片写入主标题和副标题、添加文本框并写入内容、添加图形和图片、添加表格和图表，同时还完成了读取 Excel 文件并批量生成多张幻灯片的训练，达到了学以致用、学用相长的目的。

情景五　Python 数据分析与可视化

任务一　NumPy 基础学习

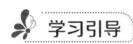 学习引导

	知识目标	能力目标（课程素养）	素质目标
学习目标	1. 了解 NumPy 数组的创建方法 2. 了解 NumPy 切片和索引 3. 了解 NumPy 常用函数	1. 能够安装和导入 NumPy（不积跬步无以至千里） 2. 能够按要求实现数组的相关操作（举一反三　敢闯敢试）	1. 培养学生接受新知识的能力和团队合作的能力 2. 培养学生的自主学习能力 3. 提高学生的信息检索能力
思维导图	NumPy基础学习 —— 技术准备 —— NumPy 的安装和导入 / NumPy 的数组 / NumPy 的数据类型 —— 任务实施 —— 数组的创建 / NumPy 切片和索引 / NumPy 常用函数 —— 强化训练 —— 利用网络和其他资源检索相关函数的使用方法		

 学习任务清单

任务名称	NumPy 基础学习
任务描述	学习 NumPy 的基础知识，为完成学生成绩分析做准备
任务分析	完成 NumPy 的安装和导入，以及 N 维数组、空数组等数组的创建
成果展示与评价	每个小组成员都需要完成 NumPy 的安装和导入，以及 N 维数组、空数组等数组的创建，并熟悉 NumPy 常用函数的使用方法，完成后由教师评定综合成绩

 **任务描述**

在本次任务中，我们需要学习 NumPy 的基础知识，完成 NumPy 的安装和导入，以及 *N* 维数组、空数组等数组的创建，并熟悉 NumPy 常用函数的使用方法，为完成学生成绩分析做准备。

 **技术准备**

1. NumPy 的安装和导入

安装 NumPy 最简单的方法是使用 pip 工具，先输入"cmd"并按下回车键进入命令提示符窗口，然后在命令提示符窗口中输入安装命令：pip install NumPy，NumPy 的安装界面如图 5-1 所示。

```
C:\Windows\system32\cmd.exe - pip install NumPy

Microsoft Windows [版本 6.1.7601]
版权所有 (c) 2009 Microsoft Corporation。保留所有权利。

C:\Users\hgc>pip install NumPy
Collecting NumPy
  Downloading numpy-1.18.1-cp37-cp37m-win_amd64.whl (12.8 MB)
     |████████████████                | 4.6 MB 29 kB/s eta 0:04:36
```

图 5-1 NumPy 的安装界面

测试是否安装成功，测试代码如下：

```
>>> from numpy import *
>>> eye(4)
array([[1., 0., 0., 0.],
   [0., 1., 0., 0.],
   [0., 0., 1., 0.],
   [0., 0., 0., 1.]])
```

输入命令"import numpy as np"导入 NumPy。

2. NumPy 的数组

NumPy 最重要的一个特点在于，它的 *N* 维数组对象 ndarray 是一系列同类型数据的集合，并以下标 0 开始标记集合中的元素。ndarray 中的每个元素在内存中都有大小相同的存储区域。

NumPy 中的数组的使用方法跟 Python 中的列表的使用方法非常类似，主要区别如下：

①列表可以存储多种数据类型的数据，而数组只能存储同种数据类型的数据；

②数组可以是多维的，当数组中的所有数据都是数值时，数组就相当于线性代数中的矩阵，它可以进行数据间的运算。

3. NumPy 的数据类型

NumPy 支持的数据类型比 Python 内置的数据类型多。表 5-1 列举了 NumPy 常用的数据类型。

表 5-1　NumPy 常用的数据类型

名称	描述
bool_	布尔型（True 或者 False）
int_	默认的整型（类似于 C 语言中的 long、int32 或 int64）
intc	与 C 语言中的 int 类型一样，一般是 int32 或 int64
intp	用于索引的整型数据（类似于 C 语言中的 ssize_t、int32 或 int64）
int8	字节（−128～127）
int16	整数（−32768～32767）
int32	整数（−2147483648～2147483647）
int64	整数（−9223372036854775808～9223372036854775807）
uint8	无符号整数（0～255）
uint16	无符号整数（0～65535）
uint32	无符号整数（0～4294967295）
uint64	无符号整数（0～18446744073709551615）
float_	float64 的简写
float16	半精度浮点型，包括 1 个符号位、5 个指数位、10 个尾数位
float32	单精度浮点型，包括 1 个符号位、8 个指数位、23 个尾数位
float64	双精度浮点型，包括 1 个符号位、11 个指数位、52 个尾数位
complex_	complex128 的简写，即 128 位的复数
complex64	复数型，用于表示双 32 位浮点型数据（实数部分和虚数部分）
complex128	复数型，用于表示双 64 位浮点型数据（实数部分和虚数部分）

 任务实施

1. 数组的创建

（1）N 维数组的创建

创建一个 N 维数组可通过调用 NumPy 的 array( ) 函数实现。

用法：np.array(object,dtype=None,copy=True,order=None,subok=False,ndmin=0)。

参数说明如表 5-2 所示，示例代码如下。

表 5-2　array( )函数的参数说明

名称	描述
object	数组或嵌套的数列
dtype	数组元素的数据类型，可选
copy	对象是否需要复制，可选
order	创建数组的样式，C 代表行优先，F 代表列优先，A 代表任意方向优先（默认）
subok	默认返回一个与基类数据类型一致的数组
ndmin	指定生成数组的最小维度

```
>>> a = np.array([[1, 2], [3, 4]])
>>> print (a)
[[1 2]
 [3 4]]
```

（2）空数组的创建

可用 np.empty( ) 函数创建一个指定形状（shape）和数据类型（dtype），且未初始化的数组。

用法：np.empty(shape, dtype = float, order = 'C')。

参数说明：shape 用于定义数组形状；dtype 用于指定数据类型，可选；order 有"C"和"F"两个选项，分别代表行优先和列优先，即在计算机中存储元素的顺序。代码如下：

```
>>> import numpy as np
>>> x = np.empty([3,2], dtype = int)
>>> print (x)
[[601561304     557]
 [    1102      28]
 [601561448     557]]
```

注意：因为未初始化，所以数组元素为随机值。

（3）全 0 数组的创建

np.zeros( )函数可以创建指定长度或形状的全 0 数组。在默认情况下，使用该函数创建的数组元素的数据类型是浮点型，如果要使用其他数据类型，可以通过 dtype 参数进行更改。

用法：np.zeros(shape, dtype=float, order = 'C')。

参数说明：shape 用于定义数组形状；dtype 用于指定数据类型，可选；order 有"C"和"F"两个选项，分别代表行优先和列优先，即在计算机中存储元素的顺序。代码如下：

```
>>> np.zeros(5)
array([ 0., 0., 0., 0., 0.])
>>>
>>> np.zeros((5,), dtype=int)
array([0, 0, 0, 0, 0])
>>>
>>> np.zeros((2, 1))
array([[ 0.],
 [ 0.]])
```

（4）全 1 数组的创建

np.ones( ) 函数可用于创建指定长度或形状的全 1 数组。

用法：np.ones(shape, dtype = None, order = 'C')。

参数说明：shape 用于定义数组形状；dtype 用于指定数据类型，可选；order 有"C"和"F"两个选项，分别代表行优先和列优先，即在计算机中存储元素的顺序。代码如下：

```
>>> x = np.ones(5)
>>> print(x)
[1. 1. 1. 1. 1.]
>>> y = np.ones([2,2], dtype = int)
>>> print(y)
[[1 1]
 [1 1]]
```

（5）涉及数值范围的数组的创建

np.arange( ) 函数可以创建涉及数值范围的数组。

用法：np.arange(start, stop, step, dtype)。

参数说明：start 为起始值，默认为 0；stop 为结束值；step 为步长，默认为 1；dtype 用于指定数据类型。代码如下：

```
>>> x = np.arange(5)
>>> print (x)
[0 1 2 3 4]
>>> x = np.arange(10,20,2)
>>> print (x)
[10 12 14 16 18]
```

（6）创建由等差数列构成的数组

np.linspace( ) 函数可用于创建一维数组，且该数组由一个等差数列构成。

用法：np.linspace(start, stop, num=50, endpoint=True, retstep=False, dtype=None)。

参数说明：start 为起始值；stop 为结束值；num 为要生成的等步长的样本数量，默认为 50；当 endpoint 的值为 True 时，数列中包含 stop 的值，反之则不包含，默认是 True；当 retstep 为 True 时，生成的数组会显示间距，反之则不显示；dtype 用于指定数据类型。代码如下：

```
>>> a = np.linspace(1,10,10)
>>> print(a)
[ 1. 2. 3. 4. 5. 6. 7. 8. 9. 10.]
>>> a = np.linspace(10, 20, 5, endpoint = False)
>>> print(a)
[10. 12. 14. 16. 18.]
```

（7）创建由等比数列构成的数组

np.logspace( ) 函数用于创建一维数组，且该数组由一个等比数列构成。

用法：np.logspace(start, stop, num=50, endpoint=True, base=10.0, dtype=None)。

参数说明：参数 start、stop、num、endpoint、dtype 与 np.linspace( ) 函数中的参数类似；

参数 base 用于指定对数的底数。代码如下：

```
>>> a = np.logspace(1.0, 2.0, num = 10)
>>> print (a)
[ 10.          12.91549665  16.68100537  21.5443469   27.82559402
  35.93813664  46.41588834  59.94842503  77.42636827 100.         ]
>>> a = np.logspace(0,9,10,base=2)
>>> print (a)
[ 1.  2.  4.  8.  16.  32.  64.  128.  256.  512.]
```

2. NumPy 切片和索引

数组对象 ndarray 的内容可以通过切片或索引来访问和修改。与 Python 中列表的切片操作一样，ndarray 可以基于 0～N 的索引来访问和修改，切片对象可以通过内置的 slice( ) 函数定义参数 start、stop 及 step，进而从原数组中切割出一个新数组。代码如下：

```
>>> a = np.arange(10)
>>> s = slice(2,7,2)      # 从索引2开始，到索引7停止，间隔为2
>>> print (a[s])
[2 4 6]
```

也可以通过冒号分隔切片参数，即采用"start:stop:step"的形式来进行切片操作，代码如下：

```
>>> a = np.arange(10)
>>> b = a[2:7:2]          # 从索引2开始，到索引7停止，间隔为2
>>> print(b)
[2 4 6]
```

3. NumPy 常用函数

（1）数组处理函数

NumPy 包含了一些处理数组的函数，如表 5-3 所示。

表 5-3　数组处理函数

函数	描述
reshape( )	在不改变数据的前提下修改形状
Flat( )	数组元素迭代器
flatten( )	返回一份拷贝数组，对拷贝数组所做的修改不会影响原始数组
transpose( )	对换数组的维度
swapaxes( )	对换数组的两个轴
squeeze( )	从数组的形状中删除一维条目
concatenate( )	沿现有轴连接的数组序列
stack( )	沿新的轴加入一系列数组
hstack( )	水平堆叠序列中的数组（列方向）
vstack( )	竖直堆叠序列中的数组（行方向）
split( )	将一个数组分割为多个子数组

函数	描述
hsplit( )	将一个数组水平分割为多个子数组（按列分割）
vsplit( )	将一个数组垂直分割为多个子数组（按行分割）
resize( )	返回指定形状的新数组
append( )	将值添加到数组末尾
insert( )	沿指定轴将值插入到指定下标前的位置
delete( )	删掉某个轴的子数组，并返回删除子数组后的新数组

（2）数学函数

NumPy 中有各种用于数学运算的函数，下面介绍几个常用的数学函数。

三角函数：sin( )、cos( )、tan( )、arcsin( )、arccos( )和 arctan( )等。

四舍五入函数：numpy.around(a,decimals)。

向下取整函数：numpy.floor( )。

向上取整函数：numpy.ceil( )。

算术函数：add( )、subtract( )、multiply( )和 divide( )。注意：数组必须具有相同的形状。

倒数函数：numpy.reciprocal( )。

幂函数：numpy.power( )。

求余函数：numpy.mod( )。

4．统计函数

NumPy 提供了很多统计函数，可用于从数组中查找最小元素、最大元素、百分位标准差和方差等。

numpy.amin( )函数：用于查找数组中沿指定轴的元素的最小值。

numpy.amax( )函数：用于查找数组中沿指定轴的元素的最大值。

numpy.ptp( )函数：用于查找数组中元素的最大值与最小值的差，即最大值−最小值。

numpy.median( )函数：用于查找数组中元素的中位数（或中值）。

numpy.mean( )函数：用于返回数组中元素的算术平均值。

numpy.average( )函数：根据一个数组的权重计算当前数组中元素的加权平均值。

numpy.std( )函数：用于求标准差。

numpy.var( )函数：用于求方差。

5．读写函数

NumPy 可以读写磁盘上的文本数据或二进制数据。

load( )函数和 save( )函数：这是读写文件数组的两个主要函数。在默认情况下，数组以未压缩的原始二进制格式保存在扩展名为“.npy”的文件中。

savez( )函数：用于将多个数组写入文件中，在默认情况下，数组以未压缩的原始二进制格式保存在扩展名为“.npz”的文件中。

loadtxt( )函数和 savetxt( )函数：用于处理文本文件。

强化训练

针对本次任务所学知识，利用网络和其他资源检索相关函数的使用方法，提高信息检索能力。

 ## 任务小结

通过本次任务的学习和实践，我们熟悉了 NumPy 数组和 NumPy 常用函数，掌握了数组的创建方法和 NumPy 常用函数的使用方法。

任务二　Matplotlib 基础学习

 ## 学习引导

	知识目标	能力目标（课程素养）	素质目标
学习目标	1. 了解 Matplotlib 的安装和导入 2. 了解 Matplotlib 的绘图功能 3. 了解使用 Matplotlib 函数绘制常见图形的方法	1. 能够绘制线图 （不积跬步无以至千里） 2. 能够绘制散点图、柱状图、饼图、等高线 （举一反三 敢闯敢试）	1. 培养学生接受新知识的能力和团队合作的能力 2. 培养学生的自主学习能力 3. 提高学生的信息检索能力
思维导图	Matplotlib基础学习 技术准备——Matplotlib的安装和导入、认识Matplotlib 任务实施——线图的绘制、散点图的绘制、柱状图的绘制、饼图的绘制、等高线的绘制 强化训练——尝试使用其他图形绘制方法		

 ## 学习任务清单

任务名称	Matplotlib 基础学习
任务描述	学习 Matplotlib 基础知识，为完成学生成绩分析和统计图绘制做准备
任务分析	完成 Matplotlib 的安装和导入，绘制线图、散点图、柱状图、饼图和等高线
成果展示与评价	每个小组成员都需要完成线图、散点图、柱状图、饼图和等高线的绘制，完成后由教师评定综合成绩

任务描述

学习 Matplotlib 基础知识，为完成学生成绩分析和统计图绘制做准备。

 **技术准备**

1. Matplotlib 的安装和导入

安装 Matplotlib 与安装 NumPy 类似，先输入"cmd"并按回车键进入命令提示符窗口，然后输入安装命令：pip install Matplotlib。

Matplotlib 的导入可通过输入命令实现，输入命令为：import matplotlib.pyplot as plt。

2. 认识 Matplotlib

（1）Figure 对象的创建和显示

在绘图之前需要创建一个 Figure 对象，可以将 Figure 对象理解成画板，创建并显示一张空白画板的代码如下：

```
>>> import matplotlib.pyplot as plt
>>> fig = plt.figure()
>>> plt.show()
```

代码解析：figure( )函数用于创建 Figure 对象，show( )函数用于显示画板内容。

（2）添加 Axes

在创建 Figure 对象后，还需要添加轴（Axes），因为没有轴就没有绘图基准，代码如下，输出结果如图 5-2 所示。

```
>>> fig = plt.figure()
>>> ax = fig.add_subplot(111)
>>> ax.set(xlim=[0.5, 4.5], ylim=[-2, 8], title='An Example Axes',ylabel='Y-
Axis', xlabel='X-Axis')
 [(0.5, 4.5), (-2.0, 8.0), Text(0.5, 1.0, 'An Example Axes'), Text(0, 0.5,
'Y-Axis'), Text(0.5, 0, 'X-Axis')]
>>> plt.show()
```

代码解析：fig.add_subplot( ) 函数用于添加 Axes，代码"fig.add_subplot(111)"表示在画板的第一行、第一列的第一个位置生成一个 Axes。代码"ax.set(xlim=[0.5, 4.5], ylim=[-2, 8], title='An Example Axes',ylabel='Y-Axis', xlabel='X-Axis')"用于设置 x 轴和 y 轴的范围，并加上相应的标题。

（3）Matplotlib 的绘图功能

Matplotlib 可以轻松绘制线图、散点图、柱状图、饼图、等高线（也称轮廓图）、箱形图、气泡图等，下面介绍其中几种常见图的绘制方法。

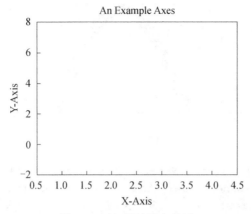

图 5-2　添加轴的输出结果

 任务实施

1. 线图的绘制

plot( )函数可用于绘制线图，其绘制线图的方式有两种。

第一种：**plt.plot(x, y, 'xxx', label=, linewidth=)**。式中的第一个参数和第二个参数分别是 x 轴坐标和 y 轴坐标；第三个参数是常见的颜色标识符、点形状标识符和线形状标识符；第四个参数是线宽。

第二种：直接指明标记。

参考代码如下，结果如图 5-3 所示。

```
>>> import matplotlib.pyplot as plt
>>> import numpy as np
>>> fig = plt.figure()
>>> ax1 = fig.add_subplot(221)
>>> ax2 = fig.add_subplot(222)
>>> ax3 = fig.add_subplot(224)
>>> x = np.linspace(0, np.pi)
>>> y_sin = np.sin(x)
>>> y_cos = np.cos(x)
>>> ax1.plot(x, y_sin)
[<matplotlib.lines.Line2D object at 0x000002594F6C59D0>]
>>> ax2.plot(x, y_sin, 'go--', linewidth=2, markersize=12)
[<matplotlib.lines.Line2D object at 0x000002594F6C5CA0>]
>>> ax3.plot(x, y_cos, color='red', marker='+', linestyle='dashed')
[<matplotlib.lines.Line2D object at 0x000002594F6C5F70>]
>>> plt.show()
```

2. 散点图的绘制

散点图与线图的区别在于，散点图只画点，不需要用线进行连接。scatter( )函数可用于绘制散点图，其格式如下：

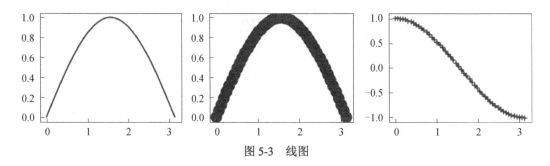

图 5-3　线图

```
scatter(x, y, s=None, color=None, marker=None, camp=None, norm=None, vmin=
None, vmax=None, alpha=None, linewidths=None, verts=None, edgecolors=None, hold=
None, data=None, **kwargs)
```

式中，x、y 分别表示 x 轴和 y 轴对应的数据；s 指定点的大小；color 指定点的颜色；marker 表示绘制的点类型；alpha 表示点的透明度，可取 0~1 之间的小数。

参考代码如下，结果如图 5-4 所示。

```
>>> import matplotlib.pyplot as plt
>>> import numpy as np
>>> fig = plt.figure()
>>> x = np.arange(10)
>>> y = np.random.randn(10)
>>> plt.scatter(x, y, color='red', marker='+')
<matplotlib.collections.PathCollection object at 0x000002594F616A60>
>>> plt.show()
```

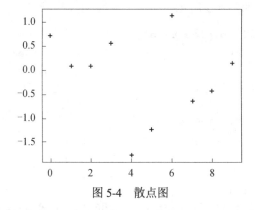

图 5-4　散点图

3. 柱状图的绘制

柱状图用于统计数据出现的次数或者频率。一般用 hist( )函数绘制柱状图，其格式如下：

```
hist(x, bins=None, range=None, density=False, weights=None, cumulative=False,
bottom= None, histtype='bar', align='mid', orientation='vertical', rwidth=None,
log=False, color=None, label=None, stacked=False, *, data=None, **kwargs)
```

该函数的参数较多，请同学们结合实际案例来理解，参考代码如下，结果如图 5-5 所示。

```
>>> import matplotlib.pyplot as plt
>>> import numpy as np
```

```
>>> np.random.seed(19680801)
>>> n_bins = 10
>>> x = np.random.randn(1000, 3)
>>> fig, axes = plt.subplots(nrows=2, ncols=2)
>>> ax0, ax1, ax2, ax3 = axes.flatten()
>>> colors = ['red', 'tan', 'lime']
>>> ax0.hist(x, n_bins, density=True, histtype='bar', color=colors, label=
colors)
>>> ax0.legend(prop={'size': 10})
>>> ax0.set_title('bars with legend')
>>> ax1.hist(x, n_bins, density=True, histtype='barstacked')
>>> ax1.set_title('stacked bar')
>>> ax2.hist(x, histtype='barstacked', rwidth=0.9)
>>> ax3.hist(x[:, 0], rwidth=0.9)
>>> ax3.set_title('different sample sizes')
Text(0.5, 1.0, 'different sample sizes')
>>> fig.tight_layout()
>>> plt.show()
```

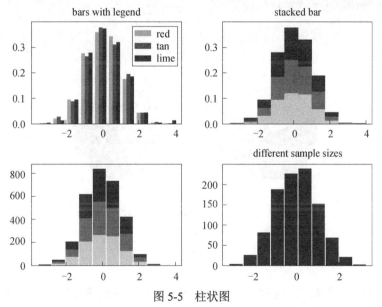

图 5-5 柱状图

4. 饼图的绘制

饼图（也称扇形图）是一种可以表示各离散变量水平占比情况的统计图。一般用 pie( ) 函数绘制饼图，其格式如下：

```
plt.pie(x, explode=None, labels=None, colors=None, autopct=None, pctdistance=0.6,
shadow= False, labeldistance=1.1, startangle=None, radius=None, counterclock=True,
wedgeprops= None, textprops=None, center=(0, 0), frame=False)
```

式中，x 用于指定用于绘图的数据；explode 用于指定某些部分突出显示；labels 用于为饼图添加标签说明，类似图例说明；colors 用于指定饼图的填充颜色；autopct 用于选择是否自动添加并显示百分比，可以采用格式化的方法显示；pctdistance 用来设置百分比标签与圆心的距离；shadow 用于选择是否添加饼图的阴影效果；labeldistance 用于设置各扇形标签（即图例）与圆心的距离；startangle 用于设置饼图的初始摆放角度；radius 用于设置饼图的半径；counterclock 用于确定是否让饼图按逆时针顺序呈现；wedgeprops 用于设置饼图内外边界的属性，如边界线的粗细、颜色等；textprops 用于设置饼图中的文本属性，如字体、颜色等；center 用于指定饼图的中心点位置，默认为原点；frame 用于设置是否显示饼图背后的图框，如果设置为 True，则需要同时控制图框 x 轴、y 轴的范围，以及饼图的中心位置。

参考代码如下，结果如图 5-6 所示。

```
>>> import matplotlib.pyplot as plt
>>> labels = 'Frogs', 'Hogs', 'Dogs', 'Logs'
>>> sizes = [15, 30, 45, 10]
>>> explode = (0, 0.1, 0, 0)  # only "explode" the 2nd slice (i.e. 'Hogs')
>>> fig1, (ax1, ax2) = plt.subplots(2)
>>> ax1.pie(sizes, labels=labels, autopct='%1.1f%%', shadow=True)
>>> ax1.axis('equal')
>>>ax2.pie(sizes,autopct='%1.2f%%',shadow=True,startangle=90,
explode=explode,pctdistance=1.12)
>>> ax2.axis('equal')
>>> ax2.legend(labels=labels, loc='upper right')
>>> plt.show()
```

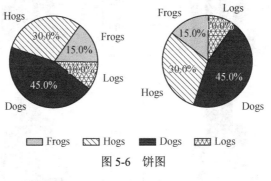

图 5-6　饼图

5. 等高线的绘制

描绘边界会用到等高线（也称轮廓图），一般用 contour( ) 函数绘制等高线，其语法格式如下：

```
contour(\*args, data=None, \*\*kwargs)
```

参考代码如下，结果如图 5-7 所示。

```
>>> import matplotlib.pyplot as plt
>>> import numpy as np
>>> fig, (ax1, ax2) = plt.subplots(2)
>>> x = np.arange(-5, 5, 0.1)
>>> y = np.arange(-5, 5, 0.1)
>>> xx, yy = np.meshgrid(x, y, sparse=True)
>>> z = np.sin(xx**2 + yy**2) / (xx**2 + yy**2)
```

```
>>> ax1.contourf(x, y, z)
>>> ax2.contour(x, y, z)
>>> plt.show()
```

上述代码中，x、y 是坐标，z 代表等高线的高度。

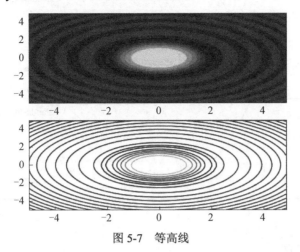

图 5-7　等高线

强化训练

　　请查找其他图形绘制方法，并尝试使用，提高信息检索能力。

 任务小结

通过本次任务的学习和实践，我们学会了使用 Matplotlib 的相关函数绘制常见的图形。

利用 Matplotlib 的相关函数可以绘制许多类型的图形，在此不再赘述，请同学们利用网络和其他资源检索其他图形的绘制方法，提高信息检索能力。

任务三　Pandas 基础学习

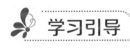 **学习引导**

	知识目标	能力目标（课程素养）	素质目标
学习目标	1. 了解 Pandas 的安装和导入 2. 了解 Series 的结构、常用属性及方法 3. 了解 DataFrame 的结构、常用属性及方法	1. 能够分别按标签和数值排序（不积跬步无以至千里） 2. 能够执行聚合计算 3. 能够将数据写入 Excel 文件，并读取 Excel 文件中的数据（举一反三 敢闯敢试）	1. 培养学生接受新知识的能力和团队合作的能力 2. 培养学生的自主学习能力 3. 提高学生的信息检索能力

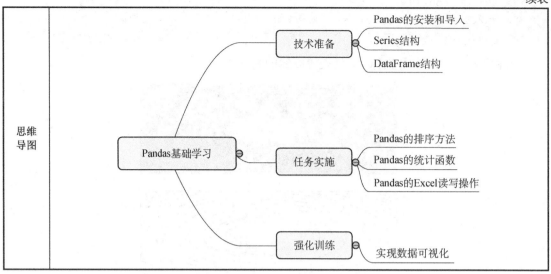

 学习任务清单

任务名称	Pandas 基础学习
任务描述	学习 Pandas 的基础知识，为分析学生成绩、绘制统计图做准备
任务分析	在完成 Pandas 的安装和导入后，首先创建 Series 对象并访问 Series 元素，然后创建 DataFrame 对象进行相关操作，最后使用 Pandas 的排序方法和 Pandas 的统计函数实现相应的功能
成果展示与评价	每个小组成员都需要完成 Pandas 的安装和导入，掌握 Series 结构和 DataFrame 结构，并学会使用 Pandas 的排序方法和统计函数，完成后由教师评定综合成绩

 任务描述

本次任务需要完成 Pandas 的安装和导入，创建 Series 对象并访问 Series 元素，创建 DataFrame 对象并进行相关操作，学会使用 Pandas 的排序方法和统计函数。

 技术准备

1. Pandas 的安装和导入

安装 Pandas 与安装 NumPy 类似，先输入"cmd"并按下回车键进入命令提示符窗口，然后输入安装命令"pip install pandas"，即可快速安装 Pandas。

Pandas 的导入可使用命令完成，导入命令为：import pandas。

2. Series 结构

（1）认识 Series 结构

Series 结构也称 Series 序列，是 Pandas 常用的数据结构之一，它是一种类似一维数组的结构，由一组数据值和一组标签组成，并且数据值与标签存在一一对应的关系。Series 结构可以保存任何类型的数据，比如整数、字符串、浮点数、Python 对象等，它的标签默认为整数，从 0 开始依次递增。Series 结构如图 5-8 所示，通过标签可以更直观地查看数据所在的索引位置。

0	0. 801000
1	0. 033423
2	0. 757575
3	0. 474346
4	0. 076785
5	0. 395737
dtype: float64	

红色部分表示：　标签
蓝色部分表示：　数据值
绿色部分表示：　数据值类型

图 5-8　Series 结构

（2）创建 Series 对象

Pandas 使用 Series( )函数创建 Series 对象，通过这个 Series 对象可以调用相应的方法和属性，达到处理数据的目的，其语法格式如下：

```
pd.Series(data,index,dtype,name,copy)
```

式中，data 是一组数据（ndarray 类型）；index 是数据的索引，如果不指定该参数的数值，则默认从 0 开始；dtype 是数据类型；name 用于设置名称；copy 用于判断是否拷贝数据，默认为 False。参考代码如下：

```
>>> import pandas as pd
>>> a = [1, 2, 3]
>>> myvar = pd.Series(a)
>>> print(myvar)
0    1
1    2
2    3
dtype: int64
```

（3）访问 Series 元素

访问 Series 结构中的 Series 元素有两种方式，一种是位置索引访问，另一种是标签索引访问。
①位置索引访问。

这种访问方式与 ndarray、列表相同，都使用元素的索引进行访问。我们知道数组的索引值是从 0 开始的，这表示第一个元素存储在第 0 个索引的位置上，以此类推就可以获得 Series 结构中的每个 Series 元素。参考代码如下：

```
>>> import pandas as pd
>>> s = pd.Series([1,2,3,4,5],index = ['a','b','c','d','e'])
>>> print(s[0])   #位置索引
1
>>> print(s['a']) #标签索引
1
>>> print(s[:3])
a    1
b    2
```

```
c    3
dtype: int64
```

②标签索引访问。

Series 结构类似于大小固定的字典，只需把 index 的标签索引当作 key，把 Series 结构中的 Series 元素值当作 value，就可以通过 index 的标签索引来访问或修改元素值，参考代码如下。

```
>>> import pandas as pd
>>> s = pd.Series([6,7,8,9,10],index = ['a','b','c','d','e'])
>>> print(s['a'])
6
>>> print(s[['a','c','d']])
a    6
c    8
d    9
dtype: int64
```

（4）Series 对象常用属性

Series 对象常用属性如表 5-4 所示。

表 5-4　Series 对象常用属性

名称	属性
axes	以列表的形式返回所有行标签
dtype	返回对象的数据类型
empty	返回一个空的 Series 对象
ndim	返回输入数据的维数
size	返回输入数据的元素数量
values	以 ndarray 的形式返回 Series 对象
index	返回一个 RangeIndex 对象，用来描述索引的取值范围

下面创建一个 Series 对象，并演示如何使用其属性，参考代码如下。

```
>>> import pandas as pd
>>> import numpy as np
>>> s = pd.Series(np.random.randn(5))
>>> print(s)
0    0.214102
1   -1.024500
2   -0.538576
3    2.500006
4   -1.059579
dtype: float64
>>> print(s.axes)
[RangeIndex(start=0, stop=5, step=1)]
```

（5）Series 对象常用方法

如果想要查看 Series 对象的某一部分数据，则可以使用 head( )函数，参考代码如下。

```
import pandas as pd
import numpy as np
s = pd.Series(np.random.randn(5))
print ("The original series is:")
print (s)
#返回前三行数据
print (s.head(3))
```

得到输出结果如下。

原序列输出结果：

```
0    1.249679
1    0.636487
2   -0.987621
3    0.999613
4    1.607751
```

head(3)输出结果：

```
dtype: float64
0    1.249679
1    0.636487
2   -0.987621
dtype: float64
```

isnull( )函数和 nonull( )函数可用于检测 Series 对象中的缺失值，它们的不同之处在于，如果值不存在或者缺失，则 isnull( )函数返回 True，而 notnull( )函数返回 False。它们的应用实例见下列代码。

```
import pandas as pd
#None（空值）代表缺失数据
s=pd.Series([1,2,5,None])
print(pd.isnull(s))   #如果是空值则返回 True
print(pd.notnull(s)) #如果是空值则返回 False
```

得到输出结果如下：

```
0    False
1    False
2    False
3     True
dtype: bool

0     True
1     True
2     True
3    False
dtype: bool
```

3. DataFrame 结构

（1）认识 DataFrame 结构

DataFrame 结构是一种表格型的数据结构，既有行标签（Index），又有列标签（Columns），也被称为异构数据表。所谓异构数据表，指表格中的每列数据的数据类型可以不同，可以是字符串型、整型或者浮点型等。其结构示意图如图 5-9 所示。

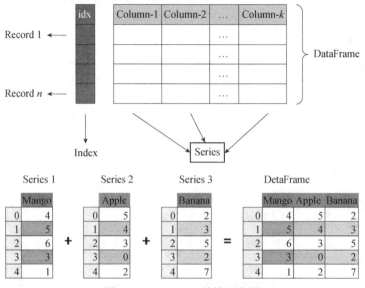

图 5-9　DataFrame 结构示意图

DataFrame 结构的每一行数据都可以看成一个 Series 结构，区别在于 DataFrame 结构为行数据增加了一个列标签，因此 DataFrame 结构是从 Series 结构的基础上演变而来的。在数据分析任务中，DataFrame 结构的应用非常广泛，因为它描述数据更清晰、更直观。

同 Series 结构一样，DataFrame 结构自带行标签，默认采用"隐式索引"，即索引值从 0 开始依次递增，且行标签与 DataFrame 结构中的数据一一对应。

（2）创建 DataFrame 对象

Pandas 使用 DataFrame( )函数创建 DataFrame 对象，其语法格式如下：

```
pd.DataFrame( data, index, columns, dtype, copy)
```

式中，data 是一组数据（如 ndarray、Series、map、list、dict 等）；index 为索引，也称行标签；columns 为列标签，默认为 RangeIndex (0，1，2，…，n)；dtype 表示数据类型；copy 指是否要拷贝数据，默认为 False。参考代码如下。

```
>>> import pandas as pd
>>> data = [['Alex',10],['Bob',12],['Clarke',13]]
>>> df = pd.DataFrame(data,columns=['Name','Age'])
>>> print(df)
     Name  Age
0    Alex   10
1     Bob   12
```

（3）使用标签操作 DataFrame

可以使用列标签和行标签来完成 DataFrame 数据的读取、添加和删除操作，添加列数据的参考代码如下：

```
import pandas as pd
d = {'one' : pd.Series([1, 2, 3], index=['a', 'b', 'c']),
     'two' : pd.Series([1, 2, 3, 4], index=['a', 'b', 'c', 'd'])}
df = pd.DataFrame(d)
#采用"df['列']=值"的形式添加列数据
df['three']=pd.Series([10,20,30],index=['a','b','c'])
print(df)
#对已经存在的列数据做相加运算
df['four']=df['one']+df['three']
print(df)
```

得到输出结果如下：

```
#使用列标签创建新的列数据
    one   two   three
a   1.0   1     10.0
b   2.0   2     20.0
c   3.0   3     30.0
d   NaN   4     NaN

#对已存在的列数据做相加运算
    one   two   three   four
a   1.0   1     10.0    11.0
b   2.0   2     20.0    22.0
c   3.0   3     30.0    33.0
d   NaN   4     NaN     NaN
```

（4）DataFrame 对象常用属性和方法

DataFrame 对象的属性和方法与 Series 对象相差无几，其常用属性和方法如表 5-5 所示。

表 5-5　DataFrame 对象常用属性和方法

名称	属性和方法的描述
T	行转置和列转置
axes	返回一个仅以行标签和列标签为成员的列表
dtypes	返回每列数据的数据类型
empty	如果 DataFrame 对象中没有数据，或者任意坐标轴的长度为 0，则返回 True
ndim	轴的数量，也指数组的维数
shape	返回一个元组，表示 DataFrame 对象的维度
size	DataFrame 对象中的元素数量
values	使用 NumPy 数组表示 DataFrame 对象中的元素值

续表

名称	属性和方法的描述
head( )	返回前 *n* 行数据
tail( )	返回后 *n* 行数据
shift( )	将行或列移动指定的步幅长度

 任务实施

1. Pandas 的排序方法

Pandas 提供了两种排序方法，分别是按标签排序和按数值排序。

（1）按标签排序

使用 sort_index( )方法对行标签排序，可指定轴参数 axis 或者排序顺序，参考代码如下。

```python
import pandas as pd
import numpy as np
unsorted_df = pd.DataFrame(np.random.randn(10,2),index=[1,4,6,2,3,5,9,8,0,7],columns = ['col2','col1'])
sorted_df=unsorted_df.sort_index()
print(sorted_df)
```

得到输出结果如下：

```
      col2       col1
0   2.113698  -0.299936
1  -0.550613   0.501497
2   0.056210   0.451781
3   0.074262  -1.249118
4  -0.038484  -0.078351
5   0.812215  -0.757685
6   0.687233  -0.356840
7  -0.483742   0.632428
8  -1.576988  -1.425604
9   0.776720   1.182877
```

可以通过给轴参数 axis 传值对列标签进行排序。默认情况下，"axis=0"表示按行排序，"axis=1"表示按列排序，参考代码如下。

```python
import pandas as pd
import numpy as np
unsorted_df = pd.DataFrame(np.random.randn(10,2),index=[1,4,6,2,3,5,9,8,0,7],columns = ['col2','col1'])
sorted_df=unsorted_df.sort_index(axis=1)
print (sorted_df)
```

得到输出结果如下：

```
      col1       col2
```

```
1 -1.424992 -0.062026
4 -0.083513  1.884481
6 -1.335838  0.838729
2 -0.085384  0.178404
3  1.198965  0.089953
5  1.400264  0.213751
9 -0.992759  0.015740
8  1.586437 -0.406583
0 -0.842969  0.490832
7 -0.310137  0.485835
```

（2）按数值排序

使用 sort_values( )方法可实现按数值排序的效果，它接收了一个 by 参数，该参数的参数值是待排序数列的列名，参考代码如下。

```
import pandas as pd
import numpy as np
unsorted_df = pd.DataFrame({'col1':[2,1,1,1],'col2':[1,3,2,4]})
sorted_df = unsorted_df.sort_values(by='col1')
print (sorted_df)
```

得到输出结果如下：

```
  col1  col2
1   1    3
2   1    2
3   1    4
0   2    1
```

2. Pandas 的统计函数

从统计学角度看，我们可以对 DataFrame 结构执行聚合计算等操作，比如使用 sum( )函数求和、使用 mean( )函数求平均值等。Pandas 常用的统计函数如表 5-6 所示。

表 5-6 Pandas 常用的统计函数

函数名称	描述
count( )	统计某个非空值的数量
sum( )	求和
mean( )	求平均值
median( )	求中位数
mode( )	求众数
std( )	求标准差
min( )	求最小值
max( )	求最大值
abs( )	求绝对值
prod( )	求所有数值的乘积

函数名称	描述
cumsum( )	计算累加和。若 axis=0，则按行累加；若 axis=1，则按列累加
cumprod( )	计算累乘积。若 axis=0，则按行累乘；若 axis=1，则按列累乘
corr( )	计算数列或变量之间的相关系数，取值为−1～1，值越大表示关联性越强

在 DataFrame 结构中使用聚合类方法时，需要指定轴参数 axis。在对行数据进行操作时，默认使用"axis=0"，或者使用"index"；对列数据进行操作时，默认使用"axis=1"，或者使用"columns"。axis 示意图如图 5-10 所示，具体代码如下所示。

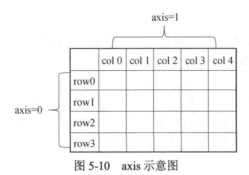

图 5-10　axis 示意图

```
import pandas as pd
import numpy as np
d = {'Name':pd.Series(['小明','小亮','小红','小华','老赵','小曹','小陈',
    '老李','老王','小冯','小何','老张']),
    'Age':pd.Series([25,26,25,23,30,29,23,34,40,30,51,46]),
    'Rating':pd.Series([4.23,3.24,3.98,2.56,3.20,4.6,3.8,3.78,2.98,4.80,4.10,
3.65])
    }
df = pd.DataFrame(d)
print(df)
#也可使用sum("columns")
print(df.sum(axis=1))
```

得到输出结果如下：

```
    Name  Age  Rating
0   小明    25   4.23
1   小亮    26   3.24
2   小红    25   3.98
3   小华    23   2.56
4   老赵    30   3.20
5   小曹    29   4.60
6   小陈    23   3.80
7   老李    34   3.78
8   老王    40   2.98
9   小冯    30   4.80
10  小何    51   4.10
```

```
11   老张    46    3.65

0       29.23
1       29.24
2       28.98
3       25.56
4       33.20
5       33.60
6       26.80
7       37.78
8       42.98
9       34.80
10      55.10
11      49.65
dtype: float64
```

3. Pandas 的 Excel 读写操作

Pandas 提供了操作 Excel 文件的函数，可以很方便地处理 Excel 表数据。

（1）to_excel( )函数

可以通过 to_excel( )函数将 DataFrame 对象中的数据写入 Excel 文件中。如果要把单个 DataFrame 对象写入 Excel 文件，那么必须指定目标文件名；但如果要写入多张工作表中，则需要创建一个带有目标文件名的 ExcelWriter 对象，并通过 sheet_name 参数依次指定工作表的名称。to_excel( )函数的语法格式及参考代码如下。

```
DataFrame.to_excel(excel_writer, sheet_name='Sheet1', na_rep='', float_format=
None, columns= None, header=True, index=True, index_label=None, startrow=0, startcol=0,
engine=None, merge_ cells=True, encoding=None, inf_rep='inf', verbose=True, freeze_
panes=None)
    import pandas as pd
    #创建 DataFrame 对象
    info_website = pd.DataFrame({'name': ['编程帮', 'c 语言中文网', '微学苑',
'92python'],
        'rank': [1, 2, 3, 4],
        'language': ['PHP', 'C', 'PHP','Python' ]
     'url': ['www.bianchneg.com', 'c.bianchneg.net', 'www.weixueyuan.com','www.
92python.com' ]})
    #创建 ExcelWrite 对象
    writer = pd.ExcelWriter('website.xlsx')
    info_website.to_excel(writer)
    writer.save()
    print('输出成功')
```

注意：在运行以上代码前应先安装 OpenPyXL 模块。

执行上述代码会自动生成 website.xlsx 文件，该文件的内容如图 5-11 所示。

图 5-11　website.xlsx 文件内容

（2）read_excel( )函数

如果要读取 Excel 数据，则可以使用 read_excel( )函数，其语法格式及参考代码如下。

```
pd.read_excel(io, sheet_name=0, header=0, names=None, index_col=None,
              usecols=None, squeeze=False,dtype=None, engine=None,
              converters=None, true_values=None, false_values=None,
              skiprows=None, nrows=None, na_values=None, parse_dates=False,
              date_parser=None, thousands=None, comment=None, skipfooter=0,
              convert_float=True, **kwds)
import pandas as pd
#读取数据
df = pd.read_excel('website.xlsx',index_col='name',skiprows=[2])
#处理未命名的列
df.columns = df.columns.str.replace('Unnamed.*', 'col_label')
print(df)
```

得到输出结果如下：

```
          col_label    rank    language        agelimit
name
编程帮          0          1      PHP          www.bianchneg.com
微学苑          2          3      PHP          www.weixueyuan.com
92python     3          4      Python       www.92python.com
```

强化训练

根据本次任务所学知识，查找其他具有相同作用的函数，利用这些函数实现数据可视化。

任务小结

通过本次任务的学习和实践，我们熟悉了 Pandas 常见函数的使用方法。

Pandas 在数据分析、数据可视化方面有着较为广泛的应用，由于篇幅有限，很多用于数据可视化的函数还没有介绍，请同学们利用网络和其他资源自行检索相关函数，提高信息检索能力。

情景六　Python 与会计

任务一　财务报表生成

 学习引导

	知识目标	能力目标（课程素养）	素质目标
学习目标	1. 熟悉数据的读取与输出 2. 了解科目余额表与财务报表的逻辑结构及数据关系 3. 了解财务报表的数据来源及组成，理解数据间的逻辑结构关系	1. 能够找出各类报表的数据的组成规律 （认识规律 利用规律） 2. 能够按要求实现报表的拼接，掌握计算项目数据的方法 （追求真理 踏实认真） 3. 能够按要求实现资产负债表及利润表的优化等相关操作 （举一反三 敢闯敢试）	1. 培养学生接受新知识的能力、跨界学习的能力和合作的能力 2. 培养学生的自主学习能力 3. 培养学生的大局意识及逻辑思维
思维导图	财务报表生成 　技术准备 —— 科目余额表 / 科目映射表 / 资产负债表 / 利润表 　任务实施 —— 获取数据 / 编制利润表 / 编制资产负债表 　强化训练 —— Excel表数据处理 / 多表数据连接		

 学习任务清单

任务名称	财务报表生成
任务描述	基于科目余额表自动生成资产负债表和利润表

任务分析	了解常用的 Python 数据类型及语法，根据科目余额表与财务报表（资产负债表、利润表）间的关系，利用科目映射表的桥接作用，结合会计报表编制原理，编制相关财务报表
成果展示与评价	各组成员分工完成科目余额表、科目映射表、资产负债表和利润表的数据准备工作，团队协作完成资产负债表及利润表的编制，小组互评后由教师评定综合成绩

 ## 任务描述

利用科目余额表编制资产负债表和利润表，但科目余额表中的科目名称与资产负债表、利润表中的项目名称并不是一一对应的，结合企业会计准则要求，有些项目需根据科目余额表中的多个科目计算填列、分析填列，这就需要用到科目映射表的桥接作用，即先把科目余额表与科目映射表进行拼接，再转换到资产负债表及利润表中，这里需要利用 merge( )函数的拼接功能和 pivot( ) 函数的数据透视、数据计算等功能来完成本次任务。

 ## 技术准备

科目余额表是基本的会计做账表，包括各个科目的期初余额、本期发生额、期末余额。编制科目余额表主要是为了方便编制资产负债表、利润表等财务报表。

教学视频

科目余额表和财务报表之间存在一定的映射关系，因此可先根据科目余额表与财务报表的映射关系生成科目映射表，然后利用科目映射表与科目余额表、财务报表的桥接作用，自动计算财务报表的各项目数据，大大方便财务报表的编制。

 ## 任务实施

1. 获取数据

（1）获取科目余额表、科目映射表数据

在准备好科目余额表数据、科目映射表数据、资产负债表标准格式表、利润表标准格式表后，引入 Pandas 模块读取科目余额表、科目映射表、资产负债表及利润表，它们的部分截图分别如图 6-1～图 6-4 所示，参考代码如下。

注意：图中截取的部分表格的内容不包括实际表格的所有"科目名称""项目名称"信息，在进行相关计算时请参考实际表格。

读取科目余额表的代码如下：

```python
#导入模块
import pandas as pd
#设置文件路径
file='D:\Python与财务报表\\利润表.xlsx'
file1='D:\Python与财务报表\\资产负债表.xlsx'
file_kmysb='D:\Python与财务报表\\科目映射表.xlsx'
file_kmyeb='D:\Python与财务报表\\科目余额表.xlsx'
#读取文件
```

```
kmye=pd.read_excel(file_kmyeb)      #读取科目余额表
kmye=kmye.fillna(0)
kmye.head()
```

	科目编码	科目名称	期初余额	本期发生额	期末余额
0	1001	库存现金	5000.0	0.0	5000.0
1	1002	银行存款	2660000.0	0.0	2493018.5
2	1012	其他货币资金	128000.0	0.0	11000.0
3	1101	交易性金融资产	25000.0	0.0	0.0
4	1121	应收票据	246000.0	0.0	246000.0

图 6-1　科目余额表（部分截图）

读取科目映射表的代码如下：

```
kmys=pd.read_excel(file_kmysb,sheet_name='科目映射')      #读取科目映射表
kmys.head()
```

	科目编码	科目名称	报表名称	报表项目编号	报表项目名称
0	1001	库存现金	资产负债表	B01	货币资金
1	1002	银行存款	资产负债表	B01	货币资金
2	1012	其他货币资金	资产负债表	B01	货币资金
3	1101	交易性金融资产	资产负债表	B02	交易性金融资产
4	1121	应收票据	资产负债表	B04	应收票据

图 6-2　科目映射表（部分截图）

读取资产负债表的代码如下：

```
bs=pd.read_excel(file_kmysb,sheet_name='资产负债表')      #读取资产负债表
bs=bs.fillna(0)
bs
```

	报表代码	项目名称	期末余额	期初余额
0	0	流动资产	0.0	0.0
1	B01	货币资金	0.0	0.0
2	B02	交易性金融资产	0.0	0.0
3	B03	衍生金融资产	0.0	0.0
4	B04	应收票据	0.0	0.0
...	...	...	...	...
69	B65	盈余公积	0.0	0.0
70	B6601	未分配利润	0.0	0.0
71	B6602	本年利润	0.0	0.0
72	B67	所有者权益合计	0.0	0.0
73	B68	负债和所有者权益总计	0.0	0.0

图 6-3　资产负债表（部分截图）

读取利润表的代码如下：

```
ps=pd.read_excel(file_kmysb,sheet_name='利润表')        #读取利润表
ps=ps.fillna(0)
ps
```

	报表代码	项目名称	本期金额	上期金额
0	I01	营业收入	0.0	950000.00
1	I02	营业成本	0.0	-658000.00
2	I03	税金及附加	0.0	-7830.58
3	I04	销售费用	0.0	-18400.00
4	I05	管理费用	0.0	-43332.00
5	I06	研发费用	0.0	0.00
6	I07	财务费用	0.0	-22080.00
7	I08	资产减值损失	0.0	0.00
8	I09	投资收益	0.0	5000.00
9	I10	资产处置收益	0.0	0.00
10	I11	营业利润	0.0	205357.42
11	I12	营业外收入	0.0	1500.00
12	I13	营业外支出	0.0	-5600.00
13	I14	利润总额	0.0	201257.42
14	I15	所得税费用	0.0	-35314.00
15	I16	净利润	0.0	165943.42

图 6-4　利润表（部分截图）

（2）将科目余额表与科目映射表拼接

在准备好数据后，将科目余额表与科目映射表进行拼接，得到合并报表，为编制相关财务报表做好准备。代码如下，拼接效果如图 6-5 所示。

```
#将科目余额表与科目映射表拼接
merge_kmys_kmye=pd.merge(left=kmys,right=kmye,on=['科目编码','科目名称'],how='left')
merge_kmys_kmye
```

	科目编码	科目名称	报表名称	报表项目编号	报表项目名称	期初余额	本期发生额	期末余额
0	1001	库存现金	资产负债表	B01	货币资金	5000.00	0.000	5000.000
1	1002	银行存款	资产负债表	B01	货币资金	2660000.00	0.000	2493018.500
2	1012	其他货币资金	资产负债表	B01	货币资金	128000.00	0.000	11000.000
3	1101	交易性金融资产	资产负债表	B02	交易性金融资产	25000.00	0.000	0.000
4	1121	应收票据	资产负债表	B04	应收票据	246000.00	0.000	246000.000
5	1122	应收账款	资产负债表	B05	应收账款	400000.00	0.000	588000.000
36	6001	主营业务收入	利润表	I01	营业收入	950000.00	1000000.000	0.000
37	6051	其他业务收入	利润表	I01	营业收入	NaN	NaN	NaN
38	6111	投资收益	利润表	I09	投资收益	5000.00	5000.000	0.000
39	6401	主营业务成本	利润表	I02	营业成本	-658000.00	-600000.000	0.000
40	6402	其他业务成本	利润表	I02	营业成本	0.00	0.000	0.000
41	6403	税金及附加	利润表	I03	税金及附加	-7830.58	-8511.500	0.000

图 6-5　科目余额表与科目映射表的拼接效果

2. 编制利润表

（1）汇总合并报表的本期发生额，计算利润表的本期金额

因本年产生的利润与资产负债表中的"本年利润"有关，所以先生成利润表。

先从合并报表中筛选利润表项目，通过 merge( )函数找到以"I"开头的报表项目编号的相关项目，然后运行代码，若代码运行结果为"True"则为利润表项目。最后对筛选出的利润表项目进行空值填充、数据合并、索引重置及项目名称修改等操作，计算出利润表的本期金额。实施过程如下，效果如图 6-6 所示。

```
#筛选合并报表中的利润表项目
index_ps=merge_kmys_kmye['报表项目编号'].str.startswith('I')     #查找以"I"开头
的报表项目编号的相关项目
#填充index_ps中的空值
index_ps.fillna(False,inplace=True)
#利用透视表功能进行数据合并、索引重置
ps_1 = pd.pivot_table(merge_kmys_kmye.loc[index_ps],index=['报表项目编号','报
表项目名称'],values=['本期发生额'],aggfunc=sum).reset_index()
#修改列名称
ps_1.columns=['报表代码','项目名称','本期金额']
ps_1
```

	报表代码	项目名称	本期金额
0	I01	营业收入	1000000.000
1	I02	营业成本	-600000.000
2	I03	税金及附加	-8511.500
3	I04	销售费用	-20000.000
4	I05	管理费用	-47100.000
5	I07	财务费用	-24000.000
6	I08	资产减值损失	-600.000
7	I09	投资收益	5000.000
8	I13	营业外支出	-18700.000
9	I15	所得税费用	-71522.125

图 6-6 计算利润表的本期金额

（2）生成利润表结构

通过上面的操作把利润表的本期金额计算出来了，但得到的利润表的格式并不是会计准则要求的格式，因此，需要再次通过 merge( )函数把生成的利润表与事先准备的利润表标准格式表拼接，并通过 del( )函数删除内容重复的列，并根据会计准则要求的格式重新定义列名称，搭建起利润表结构。参考代码如下，输出结果如图 6-7 所示。

```
#将生成的利润表和利润表标准格式表拼接，搭建起利润表结构
ps_2 = pd.merge(ps, ps_1, how = 'left',on='报表代码')
del ps_2['本期金额_x'] #删除前表中的"本期金额"列
```

```
del ps_2['项目_y']    #删除后表中的"项目名称"列
ps_2.columns=['报表代码','项目名称','上期金额','本期金额']
ps_2=ps_2.fillna(0)
ps_2
```

	报表代码	项目名称	上期金额	本期金额
0	I01	营业收入	950000.00	1000000.000
1	I02	营业成本	-658000.00	-600000.000
2	I03	税金及附加	-7830.58	-8511.500
3	I04	销售费用	-18400.00	-20000.000
4	I05	管理费用	-43332.00	-47100.000
5	I06	研发费用	0.00	0.000
6	I07	财务费用	-22080.00	-24000.000
7	I08	资产减值损失	0.00	-600.000
8	I09	投资收益	5000.00	5000.000
9	I10	资产处置收益	0.00	0.000
10	I11	营业利润	205357.42	0.000
11	I12	营业外收入	1500.00	
12	I13	营业外支出	-5600.00	-18700.000
13	I14	利润总额	201257.42	0.000
14	I15	所得税费用	-35314.00	-71522.125
15	I16	净利润	165943.42	0.000

图6-7　搭建利润表结构的输出结果

（3）计算利润表的营业利润、利润总额、净利润

目前得到的营业利润、利润总额、净利润还不正确，还需计算实际数据，计算公式如下：

营业利润=营业收入+研发费用-营业成本-税金及附加-

销售费用-管理费用-财务费用-资产减值损失+投资收益+资产处置收益

利润总额=营业利润+营业外收入-营业外支出

净利润=利润总额-所得税费用

因为支出数据已经用负数表示，故可以用以下代码直接求和得到相关数据。结果如图6-8所示。

```
# 计算营业利润
ps_2.loc[10,'本期金额']=ps_2.loc[:9,'本期金额'].sum()
# 计算利润总额
ps_2.loc[13,'本期金额']=ps_2.loc[10:12,'本期金额'].sum()
# 计算净利润
ps_2.loc[15,'本期金额']=ps_2.loc[13:14,'本期金额'].sum()
ps_2
```

	报表代码	项目名称	上期金额	本期金额
0	I01	营业收入	950000.00	1000000.000
1	I02	营业成本	-658000.00	-600000.000
2	I03	税金及附加	-7830.58	-8511.500
3	I04	销售费用	-18400.00	-20000.000
4	I05	管理费用	-43332.00	-47100.000
5	I06	研发费用	0.00	0.000
6	I07	财务费用	-22080.00	-24000.000
7	I08	资产减值损失	0.00	-600.000
8	I09	投资收益	5000.00	5000.000
9	I10	资产处置收益	0.00	0.000
10	I11	营业利润	205357.42	304788.500
11	I12	营业外收入	1500.00	0.000
12	I13	营业外支出	-5600.00	-18700.000
13	I14	利润总额	201257.42	286088.500
14	I15	所得税费用	-35314.00	-71522.125
15	I16	净利润	165943.42	214566.375

图 6-8　计算利润表的营业利润、利润总额、净利润的结果

（4）优化利润表格式及输出利润表

计算出利润表各项数据后，对其排序、小数位数等格式进行优化，编制完成的利润表如图 6-9 所示。

```
#优化利润表格式
#设置利润表的列顺序
ps_2=ps_2[['报表代码','项目名称','本期金额','上期金额']]
#设置利润表索引
ps_2.set_index('报表代码',inplace=True)
#本期金额保留2位小数
ps_2['本期金额']=ps_2['本期金额'].apply(lambda x:format(x,'.2f'))
#保存利润表
ps_2.to_excel(file)
ps_2
```

3. 编制资产负债表

（1）计算资产负债表期初余额、期末余额

和利润表一样，先把合并报表中的资产负债表的项目通过 pivot( )函数筛选出来，为编制资产负债表做准备。实现过程如下，结果如图 6-10 所示。

教学视频

```
#设置资产负债表项目
#筛选合并报表中的资产负债表的项目
index_bs=merge_kmys_kmye['报表项目编号'].str.startswith('B')
#填充index_bs中的空值
```

```
index_bs.fillna(False,inplace=True)
#利用透视表功能进行数据合并、重置索引
bs_1 = pd.pivot_table(merge_kmys_kmye.loc[index_bs],index=['报表项目编号','报
表项目名称'],values=['期初余额','期末余额'],aggfunc=sum).reset_index()
bs_1.head(10)
```

报表代码	项目名称	本期金额	上期金额
I01	营业收入	1000000.00	950000.00
I02	营业成本	-600000.00	-658000.00
I03	税金及附加	-8511.50	-7830.58
I04	销售费用	-20000.00	-18400.00
I05	管理费用	-47100.00	-43332.00
I06	研发费用	0.00	0.00
I07	财务费用	-24000.00	-22080.00
I08	资产减值损失	-600.00	0.00
I09	投资收益	5000.00	5000.00
I10	资产处置收益	0.00	0.00
I11	营业利润	304788.50	205357.42
I12	营业外收入	0.00	1500.00
I13	营业外支出	-18700.00	-5600.00
I14	利润总额	286088.50	201257.42
I15	所得税费用	-71522.12	-35314.00
I16	净利润	214566.38	165943.42

图 6-9　编制完成的利润表

	报表项目编号	报表项目名称	期初余额	期末余额
0	B01	货币资金	2793000.0	2509018.5
1	B02	交易性金融资产	25000.0	0.0
2	B04	应收票据	246000.0	246000.0
3	B05	应收账款	398800.0	586200.0
4	B07	预付账款	100000.0	100000.0
5	B08	其他应收款	4000.0	4000.0
6	B09	存货	2593050.0	2657750.0
7	B18	长期股权投资	250000.0	250000.0
8	B22	固定资产	1600000.0	2966470.0
9	B23	在建工程	1500000.0	328000.0

图 6-10　计算资产负债表期初余额、期末余额的结果

（2）生成资产负债表结构

按照资产负债表标准格式表设置列名称，并把生成的资产负债表与资产负债表标准格式表进行拼接，删除多余列数据，生成资产负债表结构。实现过程如下，结果如图 6-11 所示。

```
#设置列名称
bs_1.columns=['报表代码','项目名称','期初余额','期末余额']
#按照资产负债表标准格式表填充相应数据，删除多余列数据
merge_bs_2=pd.merge(left=bs,right=bs_1,on=['报表代码','项目名称'],how='left')
.drop(['期初余额_y','期末余额_y'],axis=1)
merge_bs_2=merge_bs_2.fillna(0)
merge_bs_2
```

	报表代码	项目名称	期初余额_y	期末余额_y
0	0	流动资产	0.0	0.000
1	B01	货币资金	2793000.0	2509018.500
2	B02	交易性金融资产	25000.0	0.000
3	B03	衍生金融资产	0.0	0.000
4	B04	应收票据	246000.0	246000.000
...	...	...	...	...
69	B65	盈余公积	-250000.0	-250000.000
70	B6601	未分配利润	-212400.0	-212400.000
71	B6602	本年利润	0.0	-214566.375
72	B67	所有者权益合计	0.0	0.000
73	B68	负债和所有者权益合计	0.0	0.000

图 6-11　生成资产负债表结构

设置资产负债表列顺序及列名，代码如下，结果如图 6-12 所示。

```
#设置资产负债表列顺序
merge_bs_2=merge_bs_2[['报表代码', '项目名称','期末余额_y','期初余额_y']]
#设置资产负债表列名
merge_bs_2.columns=['报表代码', '项目名称','期末余额','期初余额']
merge_bs_2
```

	报表代码	项目名称	期末余额	期初余额
0	0	流动资产	0.000	0.0
1	B01	货币资金	2509018.500	2793000.0
2	B02	交易性金融资产	0.000	25000.0
3	B03	衍生金融资产	0.000	0.0
4	B04	应收票据	246000.000	246000.0
...	...	...	...	...
69	B65	盈余公积	-250000.000	-250000.0
70	B6601	未分配利润	-212400.000	-212400.0
71	B6602	本年利润	-214566.375	0.0
72	B67	所有者权益合计	0.000	0.0
73	B68	负债和所有者权益合计	0.000	0.0

图 6-12　设置资产负债表列顺序及列名

（3）将净利润结转到资产负债表中

注意，本次任务的数据账面未进行本年利润结转，因此采用表结法将利润表中的"净利润"结转到资产负债表中的"本年利润"中。实施过程如下，结果如图 6-13 所示。

```
merge_bs_2.loc[71,'期末余额']= - float(ps_2.loc['I16','本期金额'])
merge_bs_2  .
```

	报表代码	项目名称	期末余额	期初余额
0	0	流动资产	0.00	0.0
1	B01	货币资金	2509018.50	2793000.0
2	B02	交易性金融资产	0.00	25000.0
3	B03	衍生金融资产	0.00	0.0
4	B04	应收票据	246000.00	246000.0
...	...		...	...
69	B65	盈余公积	-250000.00	-250000.0
70	B6601	未分配利润	-212400.00	-212400.0
71	B6602	本年利润	-214566.38	0.0
72	B67	所有者权益合计	0.00	0.0
73	B68	负债和所有者权益合计	0.00	0.0

图 6-13　将净利润结转到资产负债表中

（4）计算资产负债表项目

资产负债表是反映企业在某一特定时期（如月末、季末、年末）的资产、负债和所有者权益情况的财务报表，是企业经营活动的静态体现。根据"资产=负债+所有者权益"这一平衡公式，依照一定的分类标准和次序，将某一特定时期的资产、负债、所有者权益的具体项目予以适当的排列，可让企业相关人员用最短时间了解企业经营状况。

各个项目都需根据项目逻辑结构及性质进行计算，计算公式如下：

资产合计=流动资产+非流动资产

负债合计=流动负债+非流动负债

负债及所有者权益合计=负债合计+所有者权益合计

流动资产为所有流动资产余额之和，非流动资产为所有非流动资产余额之和。相应地，非流动负债为所有非流动负债余额之和，所有者权益合计为全部所有者权益之和。

本例需计算"期末余额"和"期初余额"两列数据，实现过程如下，结果分别如图 6-14、图 6-15 所示。

注意：图中截取的部分表格内容不包括实际表格的所有数据和内容，请在进行相关计算时参考实际表格。

```
#计算期末余额
merge_bs_2.loc[14,'期末余额']=merge_bs_2.loc[1:13,'期末余额'].sum()
merge_bs_2.loc[35,'期末余额']=merge_bs_2.loc[16:34,'期末余额'].sum()
merge_bs_2.loc[36,'期末余额']=merge_bs_2.loc[14,'期末余额']+merge_bs_2.Loc
[35,'期末余额']
merge_bs_2.loc[52,'期末余额']=merge_bs_2.loc[38:51,'期末余额'].sum()
merge_bs_2.loc[62,'期末余额']=merge_bs_2.loc[54:61,'期末余额'].sum()
merge_bs_2.loc[63,'期末余额']=merge_bs_2.loc[52,'期末余额']+merge_bs_2.loc
[62,'期末余额']
merge_bs_2.loc[72,'期末余额']=merge_bs_2.loc[65:71,'期末余额'].sum()
merge_bs_2.loc[73,'期末余额']=merge_bs_2.loc[72,'期末余额']+merge_bs_2.loc
```

```
[63,'期末余额']
merge_bs_2
```

	报表代码	项目名称	期末余额	期初余额
0	0	流动资产：	0.00	0.0
1	B01	货币资金	2509018.50	2793000.0
2	B02	交易性金融资产	0.00	25000.0
3	B03	衍生金融资产	0.00	0.0
4	B04	应收票据	246000.00	246000.0
...	...	...	...	...
69	B65	盈余公积	-250000.00	-250000.0
70	B6601	未分配利润	-212400.00	-212400.0
71	B6602	本年利润	-214566.38	0.0
72	B67	所有者权益合计	-7269966.38	0.0
73	B68	负债和所有者权益总计	-10437438.50	0.0

图 6-14　计算期末余额

```
#计算期初余额
merge_bs_2.loc[14,'期初余额']=merge_bs_2.loc[1:13,'期初余额'].sum()
merge_bs_2.loc[35,'期初余额']=merge_bs_2.loc[16:34,'期初余额'].sum()
merge_bs_2.loc[36,'期初余额']=merge_bs_2.loc[14,'期初余额']+merge_bs_2.loc
[35,'期初余额']
merge_bs_2.loc[52,'期初余额']=merge_bs_2.loc[38:51,'期初余额'].sum()
merge_bs_2.loc[62,'期初余额']=merge_bs_2.loc[54:61,'期初余额'].sum()
merge_bs_2.loc[63,'期初余额']=merge_bs_2.loc[52,'期初余额']+merge_bs_2.loc
[62,'期初余额']
merge_bs_2.loc[72,'期初余额']=merge_bs_2.loc[65:71,'期初余额'].sum()
merge_bs_2.loc[73,'期初余额']=merge_bs_2.loc[72,'期初余额']+merge_bs_2.loc
[63,'期初余额']
merge_bs_2
```

	报表代码	项目名称	期末余额	期初余额
0	0	流动资产：	0.00	0.0
1	B01	货币资金	2509018.50	2793000.0
2	B02	交易性金融资产	0.00	25000.0
3	B03	衍生金融资产	0.00	0.0
4	B04	应收票据	246000.00	246000.0
...	...	...	...	...
69	B65	盈余公积	-250000.00	-250000.0
70	B6601	未分配利润	-212400.00	-212400.0
71	B6602	本年利润	-214566.38	0.0
72	B67	所有者权益合计	-7269966.38	-7055400.0
73	B68	负债和所有者权益总计	-10437438.50	-10309850.0

图 6-15　计算期初余额

（5）检验资产负债表平衡

平衡公式为"资产=负债+所有者权益"，因此，可根据此平衡公式检验编制的资产负债表是否平衡，若不平衡，则需检查相关计算过程及数据来源；若平衡，则资产负债表编制正确。此处用 if...else...条件判断语句完成相关检验工作，用 abs( )函数将计算结果用正数显示。实施过程及结果如图 6-16 所示。

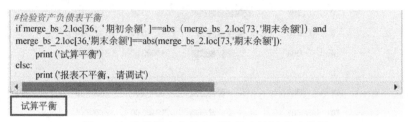

```
#检验资产负债表平衡
if merge_bs_2.loc[36, '期初余额' ]==abs（merge_bs_2.loc[73,'期末余额']）and
merge_bs_2.loc[36,'期末余额']==abs(merge_bs_2.loc[73,'期末余额']):
        print ('试算平衡')
else:
        print ('报表不平衡，请调试')
```

试算平衡

图 6-16　检验资产负债表平衡的实施过程及结果

（6）优化资产负债表格式及输出资产负债表

计算出资产负债表各项目数据并对其进行平衡检验后，就可以对其顺序、小数位数等格式进行优化了，代码如下，编制完成的资产负债表如图 6-17 所示。

```
#设置资产负债表索引
merge_bs_2.set_index('报表代码',inplace=True)
#让期末余额、期初余额保留2位小数
merge_bs_2['期末余额']=merge_bs_2['期末余额'].apply(lambda x:format(x,'.2f'))
merge_bs_2['期初余额']=merge_bs_2['期初余额'].apply(lambda x:format(x,'.2f'))
#保存资产负债表
merge_bs_2.to_excel(file1)
merge_bs_2
```

报表代码	项目名称	期末余额	期初余额
0	流动资产:	0.00	0.00
B01	货币资金	2509018.50	2793000.00
B02	交易性金融资产	0.00	25000.00
B03	衍生金融资产	0.00	0.00
B04	应收票据	246000.00	246000.00
...	...	...	...
B65	盈余公积	-250000.00	-250000.00
B6601	未分配利润	-212400.00	-212400.00
B6602	本年利润	-214566.38	0.00
B67	所有者权益合计	-7269966.38	0.00
B68	负债和所有者权益合计	-10437438.50	0.00

图 6-17　编制完成的资产负债表

强化训练

根据本次任务，实现对 Excel 表数据的处理，并实现多表数据连接。

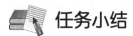 **任务小结**

通过本次任务的学习和实践，我们在财务报表的编制过程中熟悉了 Excel 表数据的读取和输出，熟练掌握了 merge( ) 函数、pivot( ) 函数的使用方法，以及列表数据的读取、引用等方法，对财务报表的逻辑结构和数据关系有了进一步认识。

我们每个人的生活都是一张资产负债表，资产负债表的英文是"Balance Sheet"，"Balance"即"平衡"，人生也一样需要平衡，一项资产的获得总是通过另一项资产的减少或者负债的增加来实现的。我们现在过着轻松、简单的生活，是因为父母等人在为我们负重前行，所以要努力学习、钻研技能，掌握生活、工作的本领，努力使自己的"资产负债表"变得更漂亮，增强自己承担负债的能力，积累更多的人生"净资产"。

任务二　财务数据分析

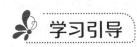 **学习引导**

	知识目标	能力目标（课程素养）	素质目标
学习目标	1. 熟悉数据的读取 2. 熟悉财务指标计算公式 3. 了解财务指标	1. 能够编写程序进行财务数据的爬取（诚实守信　合法取数） 2. 能够根据要求选择恰当的财务报表及数据，掌握数据读取、计算及输出的常用操作方法（实事求是　追求卓越） 3. 能够根据需要进行财务数据分析（举一反三　敢闯敢试）	1. 培养学生利用科学技术分析问题、解决问题的能力 2. 培养学生的跨界融合学习能力
思维导图	财务数据分析　┬ 技术准备 ── 偿债能力分析 / 营运能力分析 / 盈利能力分析 / 发展能力分析　├ 任务实施 ── 数据准备 / 指标计算　└ 强化训练 ── 列表数据运用 / 数据分析结果输出		

学习任务清单

任务名称	财务数据分析
任务描述	利用 Python 对企业偿债能力、营运能力、盈利能力及发展能力的财务指标进行计算、输出及评价
任务分析	在了解企业常用财务报表的分析内容后，首先，选择常用的财务指标，根据财务指标计算数据，要求读取财务报表数据，并进行相应处理。其次，设置相关指标的计算、输出形式等。最后，对指标的计算结果进行简单评价
成果展示与评价	各小组成员分工合作，每个成员都需要完成一个指标的计算、输出，以及评价要点的收集。小组合作完成指标集成，并评价企业经营状况，小组互评后由教师评定综合成绩

 任务描述

企业关键的财务指标往往能反映出企业的经营状况。通过分析典型的财务指标，企业管理人员可以总体把握企业的竞争能力，如企业的偿债能力、营运能力、盈利能力、发展能力等，从而了解各级管理人员及相关责任人的业绩表现，发现影响企业发展的关键因素，提升企业管理人员的管理能力。企业管理人员也能通过财务指标评估企业未来的盈利情况，定位企业发展的方向，有效调整企业的经营战略，做出优化企业经营质量和效率的科学决策。

本次任务仅选取能反映企业竞争能力的偿债能力、营运能力、盈利能力及发展能力进行分析，主要介绍了基于财务大数据的数据建模构建典型指标体系，选择数据进行计算并做出评价、建议，旨在培养学生的财务大数据分析思维，提升学生利用新技术、新技能解决财务问题的能力。对于其他财务报表的分析，可在此任务的基础上举一反三，根据需要做进一步挖掘和分析。

 技术准备

1. 偿债能力分析

偿债能力是指企业偿还到期债务（包含本金及利息）的能力。能否及时偿还到期债务是反映企业财务状况好坏的重要标志。通过对偿债能力的分析，可以考察企业持续经营的能力和风险，有助于对企业未来收益进行预测。偿债能力分析包括短期偿债能力分析和长期偿债能力分析两个方面。

偿债能力常用流动比率、速动比率、现金比率、资产负债率、产权比率等指标来反映，具体如表 6-1 所示。

表 6-1 偿债能力的主要指标

指标计算公式	指标说明
流动比率（Cr）=流动资产/流动负债	
速动比率（Qr）=速动资产/流动负债	速动资产=货币资金+交易性金融资产+应收账款+应收票据+其他应收款
现金比率（Mr）=（货币资金+交易性金融资产）/流动负债×100%	
资产负债率（Alr）=负债合计/资产合计×100%	
产权比率（Eqr）=负债合计/所有者权益合计×100%	

注意：表6-1中的相关指标不能在本书截取的部分表格内容中得到完全体现，请在进行相关计算时参考实际表格内容。

偿债能力指标一般有一定的区间值，并不是值越高越好，速动比率一般在 1% 左右比较合适，流动比率一般在 1.5%～2% 之间比较好。若这两个比率低于区间值，则说明公司流动性不好，偿债能力较差，但是如果流动比率太大，则表示公司流动资产占用较多，会影响资金的周转效率。现金比率一般在 20%左右比较合适。资产负债率在 40%～60%比较合适，一般认为不能超过 70%，若超过 70%则有较大的偿债风险，但如果比率过低，则不能发挥财务杠杆的作用。

2. 营运能力分析

营运能力分析是通过衡量企业资产管理效率的财务比率实现的，营运能力指标可以用周转天数来衡量。存货的周转天数加上应收账款的周转天数等于营运周期，营运周期越短意味着企业的资金周转速度越快，营运能力越强。

营运能力常用应收账款周转率、总资产周转率、流动资产周转率、营运资本周转率等指标来反映，如表 6-2 所示。

表 6-2　营运能力的主要指标

指标计算公式	指标说明
应收账款周转率（周转次数）（RTR）=营业收入/平均应收账款余额	平均应收账款余额=应收账款平均余额+应收票据平均余额
总资产周转率（周转次数）（TAT）=营业收入/平均资产合计	平均资产合计=（年初资产合计+年末资产合计）/2
流动资产周转率（周转次数）（CAT）=营业收入/平均流动资产	平均流动资产=（年初流动资产+年末流动资产）/2
营运资本周转率（周转次数）（WCT）=营业收入/平均营运资本	营运资本=流动资产-流动负债

注意：表6-2中的相关指标不能在截取的部分表格内容中得到完全体现，请在进行相关计算时参考实际表格内容。

企业资产被利用得越充分，运用资产创造的收益就越多，资产运用效率就越高。资产运用效率是资产管理效果的重要体现，资产管理效果越好，闲置的、低效的资产就越少，相应地，资产周转速度就会越高，企业的经营水平、管理水平也就越高。

3. 盈利能力分析

盈利能力是指企业获取利润、实现资金增值的能力，是企业持续经营和发展的保证。企业业绩的好坏可通过企业的盈利能力来反映。对于信用相同或相近的几个企业，人们总是将资金投向盈利能力更强的企业。股东关心企业赚取的利润，并重视对利润率的分析，因为投资收益与企业的盈利能力是紧密相关的。此外，盈利能力的增强还会使股票价格上升，从而使股东获得资本收益。

盈利能力常用销售毛利率、销售利润率、销售净利润率、总资产净利润率等指标来反映，具体如表 6-3 所示。

表 6-3　盈利能力的主要指标

指标计算公式	指标说明
销售毛利率（GPM）=销售毛利/营业收入×100%	销售毛利（GM）=营业收入−营业成本
销售利润率（ROS）=营业利润/营业收入×100%	
销售净利润率（TTM）=净利润/营业收入×100%	
总资产净利润率（ROA）=净利润/平均资产合计×100%	平均资产合计=（年初资产合计+年末资产合计）/2

注意：表 6-3 中的相关指标不能在截取的部分表格内容中得到完全体现，请在进行相关计算时参考实际表格内容。

各盈利能力指标的数值越大，盈利能力就越强；各盈利能力指标的数值越小，盈利能力就越差。企业业绩的好坏最终可通过企业的盈利能力来反映。无论是企业的管理人员、债权人，还是股东（投资者），都非常关心企业的盈利能力，并重视对各盈利能力指标的变动趋势进行分析与预测。

4．发展能力分析

发展能力是指企业未来生产经营活动的发展趋势和发展潜力，即增长能力。从形成上看，企业的发展能力主要是通过自身的生产经营活动不断扩大、积累而形成的，主要依托于不断增长的营业收入、不断增加的资金投入和不断创造的利润等。从结果上看，一个发展能力强的企业，能够不断为股东创造财富，增加企业价值。

发展能力常用营业收入增长率、净利润增长率、资产增长率、资本积累率等指标来反映，具体如表 6-4 所示。

表 6-4　发展能力的主要指标

指标计算公式
营业收入增长率（OIGR）=（（本年营业收入−上年营业收入）/上年营业收入）×100%
净利润增长率（NGR）=（（本年净利润−上年净利润）/上年净利润）×100%
资产增长率（TAGR）=（（年末资产合计−年初资产合计）/年初资产合计）×100%
资本积累率（CAR）=（（年末所有者权益合计−年初所有者权益合计）/年初所有者权益合计）

注意：表 6-4 中的相关指标不能在截取的部分表格内容中得到完全体现，请在进行相关计算时参考实际表格内容。

通过分析发展能力可以补充和完善传统财务分析的不足，发展能力是偿债能力、盈利能力、营运能力的综合体现，可为预测分析与价值评估提供基础的数据来源，满足相关利益者的决策需求。其指标值越高，说明增长速度越快或积累率越高，企业市场前景越好，发展能力越强。在分析过程中要注意行业特征、生命周期及指标滞后性等。

 任务实施

1．数据准备

（1）模块引入

教学视频

```
#引入pandas 模块
```

```
import pandas as pd
```

（2）读取数据

本次任务要利用情景六的任务一生成的利润表和资产负债表进行财务报表分析，下面分别读取利润表数据和资产负债表数据。实施过程如下，结果分别如图 6-18、图 6-19 所示。

```
#读取利润表数据
lrb=pd.read_excel(r'D:\Python与财务分析\利润表.xlsx')
lrb.head(10)
```

	报表代码	项目名称	本期金额	上期金额
0	I01	营业收入	1000000.0	950000.00
1	I02	营业成本	-600000.0	-658000.00
2	I03	税金及附加	-8511.5	-7830.58
3	I04	销售费用	-20000.0	-18400.00
4	I05	管理费用	-47100.0	-43332.00
5	I06	研发费用	0.0	0.00
6	I07	财务费用	-24000.0	-22080.00
7	I08	资产减值损失	-600.0	0.00
8	I09	投资收益	5000.0	5000.00
9	I10	资产处置收益	0.0	0.00

图 6-18 读取利润表数据（部分截图）

```
#读取资产负债表数据
fzb=pd.read_excel(r'D:\Python与财务分析\资产负债表.xlsx')
fzb.head(10)
```

	报表代码	项目名称	期末余额	期初余额
0	0	流动资产：	0.00	0.0
1	B01	货币资金	2509018.50	2793000.0
2	B02	交易性金融资产	0.00	25000.0
3	B03	衍生金融资产	0.00	0.0
4	B04	应收票据	246000.00	246000.0
...		...	...	...
69	B65	盈余公积	-250000.00	-250000.0
70	B6601	未分配利润	-212400.00	-212400.0
71	B6602	本年利润	-214566.38	0.0
72	B67	所有者权益合计	-7269966.38	-7055400.0
73	B68	负债和所有者权益合计	-10437438.50	-10309850.0

图 6-19 读取资产负债表数据（部分截图）

（3）数据预处理

因在后续的指标计算中，需多处用到资产负债表中期末余额与期初余额的平均值，所以先在资产负债表中增加一列"平均值"，以备后用。实施过程如下，结果如图 6-20 所示。

```
#求出资产负债表中期末余额与期初余额的平均值
fzb['平均值']=round((fzb['期末余额']+fzb['期初余额'])/2,2)
fzb
```

	报表代码	项目名称	期末余额	期初余额	平均值
0	0	流动资产	0.00	0.0	0.00
1	B01	货币资金	2509018.50	2793000.0	2651009.25
2	B02	交易性金融资产	0.00	25000.0	12500.00
3	B03	衍生金融资产	0.00	0.0	0.00
4	B04	应收票据	246000.00	246000.0	246000.00
...	...	...	...	...	...
69	B65	盈余公积	-250000.00	-250000.0	-250000.00
70	B6601	未分配利润	-212400.00	-212400.0	-212400.00
71	B6602	本年利润	-214566.38	0.0	-107283.19
72	B67	所有者权益合计	-7269966.38	-7055400.0	-7162683.19
73	B68	负债和所有者权益总计	-10437438.50	-10309850.0	-10373644.25

图 6-20　增加一列"平均值"的结果

2. 指标计算

（1）偿债能力指标计算

根据偿债能力指标的计算要求，从资产负债表中的对应列读取相关数据进行计算，并输出计算结果，参考代码如下：

```
#偿债能力指标计算
#指标计算的辅助数据准备
#流动资产（La）
La = float(fzb[fzb['报表代码'] == 'B14']['期末余额'])
#流动负债（Cl）
Cl = abs(float(fzb[fzb['报表代码'] == 'B50']['期末余额']))
#资产合计（Ta）
Ta = float(fzb[fzb['报表代码'] == 'B35']['期末余额'])
#负债合计（Tl）
Tl = abs(float(fzb[fzb['报表代码'] == 'B60']['期末余额']))
#所有者权益合计（Te）
Te = abs(float(fzb[fzb['报表代码'] == 'B67']['期末余额']))
#速动资产（Qa）=货币资金+交易性金融资产+应收账款+应收票据+其他应收款
Qa = fzb.loc[1:2,'期末余额'].sum() + fzb.loc[4:6,'期末余额'].sum()+fzb.loc[8,'期末余额']
#流动比率（Cr）=流动资产/流动负债
```

```
Cr=round(La/Cl,2)
#速动比率（Qr）=速动资产/流动负债
Qr=round(Qa/Cl,2)
#现金比率（Mr）=（货币资金+交易性金融资产）/流动负债*100%
Mr=round(fzb.loc[1:2,'期末余额'].sum()/Cl,2)
#资产负债率（Alr）=（负债合计/资产合计）*100%
Alr=round(Tl/Ta,2)
#产权比率（Eqr）=负债合计/所有者权益合计
Eqr=round(Tl/Te,2)
#输出偿债能力指标
print('公司流动比率为',Cr)
print('公司速动比率为',Qr)
print('公司现金比率为',Mr)
print('公司资产负债率为',"{:.0%}".format(Alr))
print('公司产权比率为',Eqr)
```

偿债能力指标计算结果如下：

公司流动比率为 3.92
公司速动比率为 2.15
公司现金比率为 1.61
公司资产负债率为 30%
公司产权比率为 0.44

从以上指标计算结果可以看出，该企业属于保守型企业，它的占用资产及流动资产较多，该企业长期偿债能力较强，但更需结合该企业的成长周期、多年的财务数据，以及与同行业相比较，才能做出合适的判断。

（2）营运能力指标计算

根据营运能力指标计算的要求，分别从资产负债表和利润表中读取相关数据进行计算，并输出计算结果，参考代码如下：

教学视频

```
#营运能力指标计算
#指标计算辅助数据准备
#营业收入(sales)
sales = float(lrb[lrb['项目名称'] == '营业收入']['本期金额'])
#营业成本（cost）
cost = abs(float(lrb[lrb['项目名称'] == '营业成本']['本期金额']))
#应收账款周转率（周转次数）（RTR）=营业收入/平均应收账款余额
RTR=round(sales/(fzb.loc[4:5,'平均值'].sum()),2)
#总资产周转率（周转次数）（TAT）=营业收入/平均资产合计
TAT=round(sales/(fzb.loc[36,'平均值']),2)
#流动资产周转率（周转次数）（CAT）=营业收入/平均流动资产
CAT=round(sales/(fzb.loc[14,'平均值']),2)
#营运资本周转率（周转次数）（WCT）=营业收入/平均营运资本
#营运资本=流动资产-流动负债
WCT=round(sales/(fzb.loc[14,'平均值']-abs(fzb.loc[52,'平均值'])),2)
#输出营运能力指标
print('公司应收账款周转率（周转次数）为',RTR)
```

```
print('公司总资产周转率（周转次数）为',TAT)
print('公司流动资产周转率（周转次数）为',CAT)
print('公司营运资本周转率（周转次数）为',WCT)
```

营运能力指标计算结果如下：

公司应收账款周转率（周转次数）为 1.35
公司总资产周转率（周转次数）为 0.1
公司流动资产周转率（周转次数）为 0.16
公司营运资本周转率（周转次数）为 0.22

从以上指标的计算结果可以看出，该公司的营运能力不强，需改善销售策略、营运策略，但更需结合该公司的成长周期、多年的财务数据，以及与同行业相比较，才能做出更合适的判断。

（3）盈利能力指标计算

根据盈利能力指标计算的要求，分别从资产负债表和利润表中读取相关数据进行计算，并输出计算结果，参考代码如下。

```
#盈利能力指标计算
#销售毛利(GM)=营业收入-营业成本
GM=sales-cost
#销售毛利率(GPM)=（销售毛利/营业收入）*100%
GPM=round(GM/sales,2)
#销售利润率(ROS)=（营业利润/营业收入）*100%
ROS=round(float(lrb[lrb['项目名称'] == '营业利润']['本期金额'])/sales,2)
#销售净利润率(TTM)=（净利润/营业收入）*100%
TTM=round(float(lrb[lrb['项目名称'] == '净利润']['本期金额'])/sales,2)
#总资产净利润率(ROA)=（净利润/平均资产合计）*100%
ROA=round(float(lrb[lrb['项目名称'] == '净利润']['本期金额'])/(fzb.loc[36,'平均
值']),2)
#输出盈利能力指标
print('公司销售毛利率为',"{:.0%}".format(GPM))
print('公司销售利润率为',"{:.0%}".format(ROS))
print('公司销售净利润率为',"{:.0%}".format(TTM))
print('公司总资产净利润率为',"{:.0%}".format(ROA))
```

盈利能力指标计算结果如下：
公司销售毛利率为 40%
公司销售利润率为 30%
公司销售净利润率为 21%
公司总资产净利润率为 2%

从以上指标的计算结果可以看出，该公司的盈利能力较好，公司发展情况较好，但更需结合该公司的成长周期、多年的财务数据，以及与同行业相比较，才能做出更合适的判断。

（4）发展能力指标计算

根据发展能力指标计算的要求，分别从资产负债表和利润表中读取相关数据进行计算，并输出计算结果，参考代码如下：

```
#发展能力指标计算
#营业收入增长率(OIGR)=（（本年营业收入-上年营业收入）/上年营业收入）*100%
```

```
    OIGR=round((sales - float(lrb[lrb['项目名称'] == '营业收入']['上期金额'])))/float(lrb[lrb
['项目名称'] == '营业收入']['上期金额'])),2)
    #净利润增长率(NGR)=((本年净利润-上年净利润)/上年净利润)*100%
    NGR=round((float(lrb[lrb['项目名称'] == '净利润']['本期金额']) - float(lrb[lrb['项目
名称'] == '净利润']['上期金额'])))/float(lrb[lrb['项目名称'] == '净利润']['上期金额']),2)
    #资产增长率(TAGR)=((年末资产合计-年初资产合计)/年初资产合计)*100%
    TAGR=round((float(fzb[fzb['报表代码'] == 'B35']['期末余额']) - float(fzb[fzb['
报表代码'] == 'B35']['期初余额'])))/float(fzb[fzb['报表代码'] == 'B35']['期初余额
']),2)
    #资本积累率(CAR)=((年末所有者权益合计-年初所有者权益合计)/年初所有者权益合计)*100%
    CAR=round((float(fzb[fzb['报表代码'] == 'B67']['期末余额']) - float(fzb[fzb['
报表代码'] == 'B67']['期初余额'])))/(float(fzb[fzb['报表代码'] == 'B67']['期初余额
']))),2)
    #输出发展能力指标
    print('公司营业收入增长率为',"{:.0%}".format(OIGR))
    print('公司净利润增长率为',"{:.0%}".format(NGR))
    print('公司资产增长率为',"{:.0%}".format(TAGR))
    print('公司资本积累率为',"{:.0%}".format(CAR))
```

发展能力指标计算结果如下。

公司营业收入增长率为 5%
公司净利润增长率为 29%
公司资产增长率为 1%
公司资本积累率为 3%

从以上指标的计算结果可以看出，该公司的发展能力较好，特别是成本控制效果最为显著，但更需结合该公司的成长周期、多年的财务数据，以及与同行业相比较，才能做出更合适的判断。

强化训练

请根据本次任务的所学知识，尝试完成同类列表数据的运用，并输出数据分析结果。

 任务小结

通过本次任务的学习和实践，我们熟悉了 Python 在财务数据分析中的应用，了解了常用的偿债能力、营运能力、盈利能力及发展能力指标的计算及呈现形式，分析了指标计算的结果。

企业财务数据可分析的内容很多，同学们可以在熟练掌握此处讲解的分析技术和分析方法的基础上，深入展开对偿债能力、营运能力、盈利能力和发展能力等其他指标的分析，深刻感受利用大数据资源、Python 技术分析和评价企业经营状况的价值和乐趣。

思维方式对人的言行起决定性作用，因此拥有不同世界观、人生观、价值观的人，其行为也会呈现出明显的差别。比如，数据思维是根据数据来考量事物的一种量化的思维模式，也是一种重视事实、追求真理的思维模式。

本次任务讲解的财务数据分析犹如医生把脉问诊，但其主要工作内容是以财务报表等相关资料为依据，采用一系列专门的分析技术和分析方法，对企业过去和现在的偿债能力、营运能力、盈利能力和发展能力等进行分析与评价。随着技术的发展及管理需求的驱动，企业的财务分析手段变得更加便捷、及时和精细化，因此，相关人员需要具备严谨认真、科学审慎的数据分析能力，具有对财务指标进行分析、解读的能力，以及将大数据技术与财务会计融合的能力，才能为企业的管理策略调整提供科学的依据。

情景七　Python 与电子商务

任务一　电子商务爬虫

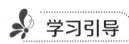 学习引导

	知识目标	能力目标（课程素养）	素质目标
学习目标	1. 熟悉 Python 爬虫 2. 了解 urllib 模块的相关操作方法 3. 了解 Selenium 的相关操作方法	1. 能够编写程序对静态网页进行爬取和分析 （不积跬步无以至千里） 2. 能够按要求实现基本库的应用，并掌握常用操作方法 （追求真理　踏实认真） 3. 能够按要求实现动态网站数据抓取的相关操作 （举一反三　敢闯敢试）	1. 培养学生接受新知识的能力和团队合作的能力 2. 培养学生的自主学习能力
思维导图	电子商务爬虫 技术准备——爬虫基础／urllib模块 任务实施——爬虫编程环境／分析网页结构		

学习任务清单

任务名称	电子商务爬虫
任务描述	将指定的电子商务网站数据抓取到本地并保存，用于后期的数据分析与展示
任务分析	在了解 urllib 模块后，抓取一个静态网页并保存，再利用 Selenium 爬取某电商网站商品并保存
成果展示与评价	每个小组成员都需要完成对静态网页的爬取，小组使用 Selenium 协作完成数据爬取，小组互评后由教师评定综合成绩

 任务描述

使用爬虫技术能够快速得到想要的数据，在此我们利用 urllib 模块、requests 库爬取静态网页，并把爬取到的数据存储到本地，再利用 Selenium 爬取电子商务网站数据，用于数据分析与展示。

 技术准备

1．爬虫基础

爬虫的作用是什么呢？爬虫可以帮助我们快速提取网站上的信息并保存下来。

（1）爬虫的工作流程

爬虫是一个获取网页的自动化程序，爬虫的具体工作流程如下。

①获取网页。

爬虫首先要做的工作是获取网页，即获取网页的源代码。源代码里包含了网页的部分有用信息，因此只要获取源代码，就可以从中提取想要的信息了。

Python 提供了许多模块和库来获取网页，如 urllib 模块、requests 库等，利用这些模块和库可以实现 HTTP 请求操作，且请求和响应都可以用类库提供的数据结构来表示，得到响应之后只需要解析数据结构中的"<body></body>"部分即可得到网页的源代码。

②提取信息。

在获取网页的源代码后，接下来就是分析网页的源代码并从中提取想要的信息。最通用的方法便是采用正则表达式提取信息，这是一个万能的方法，但是构造正则表达式比较复杂且容易出错。

另外，因为网页的结构有一定的规则，所以还有一些根据网页节点属性、CSS 选择器或 XPath 来提取网页信息的库，如 BeautifulSoup、PyQuery、lxml 等。我们可以使用这些库高效、快速地从网页中提取信息，如节点的属性、文本值等。

提取信息是爬虫的工作流程中非常重要的部分，它可以使杂乱的数据变得有条理、变得清晰，以便后续处理和分析。

③保存数据。

在提取信息后，一般将数据保存到某处以便后续使用。保存的形式多种多样，可以简单保存为 txt 文本或 JSON 文本，也可以保存到数据库中，如 MySQL 数据库和 MongoDB 数据库等，还可保存至远程服务器，如借助 SFTP 进行操作等。

④自动化程序。

自动化程序的作用是通过爬虫代替人完成相关操作。虽然人们可以通过手工的方式提取信息，但是当数据量特别大且想快速获取数据时，就需要借助自动化程序提取信息。爬虫就是代替人完成数据爬取工作的自动化程序，它可以在抓取数据的过程中进行异常处理、错误重试等操作，确保数据爬取工作持续、高效地进行。

（2）爬取的数据

网页中有各种各样的数据，最常见的常规网页对应的是 HTML 代码，而最常爬取的便是

HTML 代码。

有些网页返回的并不是 HTML 代码，而是一个 JSON 字符串（被大多数 API 接口采用），这种格式的数据方便传输和解析，且同样可以爬取，而且提取数据更加方便。

此外，各种二进制数据也可以先利用爬虫爬取下来，然后保存成对应的文件，如图片、视频和音频等。

另外，还有各种扩展名的文件，如 CSS、JavaScript 和配置文件等，只要这些文件可以在浏览器里面访问，就可以将其爬取下来。

上述内容都对应各自的 URL，且都基于 HTTP 协议或 HTTPS 协议，都可以通过爬虫爬取。

2. urllib 模块

Python 的 urllib 库用于操作网页 URL 或爬取网页的内容。urllib 库的基本模块如图 7-1 所示。

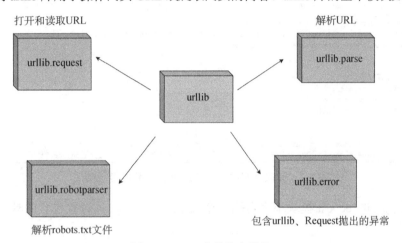

图 7-1　urllib 库的基本模块

urllib 模块的基本功能如表 7-1 所示。

表 7-1　urllib 模块的基本功能

序号	模块	功能
1	urllib.request	打开和读取 URL
2	urllib.error	包含 urllib.request 抛出的异常
3	urllib.parse	解析 URL
4	urllib.robotparser	解析 robots.txt 文件

（1）发送请求

使用 urllib.request 模块可以很方便地发送请求并得到响应。

● urlopen( )。

urllib.request 模块提供了最基本的构造 HTTP 请求的方法，即 urlopen( )，利用它可以模拟浏览器发起请求的过程，同时它还包含处理授权验证（Authentication）、重定向（Redirection）、浏览器 Cookie 等内容，其语法格式如下：

```
urllib.request.urlopen(url,data=None,[timeout,]*,cafile=None, capath=None,
cadefault =False, context=None)
```

参数说明：data 是可选的参数，如果要添加该参数，则需要使用 bytes 方法将参数转化为字节流编码格式（即 bytes 类型）的内容，如果传递了这个参数，则请求方式不再是 GET 方式，而是 POST 方式。

教学视频

【实例 7-1】读取重庆城市职业学院官网主页的 HTML 源代码，参考代码如下：

```
from urllib.request import urlopen
myURL = urlopen("https://www.cqcvc.edu.cn/")
print(myURL.read().decode('utf-8'))
```

运行结果如图 7-2 所示。

```
<!DOCTYPE html>

<html lang="en">
<head>
    <meta charset="UTF-8">
    <meta name="viewport" content="width=device-width, initial-scale=1.0, user-scalable=no">
    <meta name="mobile-web-app-capable" content="yes" >


        <title>重庆城市职业学院</title>
<meta name="keywords" content="">
<meta name="description" content="">
<meta name="robots" content="All">


    <link rel="shortcut icon" href="https://www.cqcvc.edu.cn/zhuzhan/favicon.ico">
    <link rel="stylesheet" href="https://www.cqcvc.edu.cn/zhuzhan/fonts/iconfont/iconfont.css?t=2022/10/18 10:31:51">
```

图 7-2　读取官网主页的 HTML 源代码的运行结果

每次调用 urllib.request 模块都会返回一个 response 对象，该对象包含的具体响应信息如表 7-2 所示。

表 7-2　响应信息

属性或方法	说明
apparent_encoding	编码方式
close	关闭与服务器的连接
content	返回响应的内容，以字节为单位
cookies	返回一个 CookieJar 对象，该对象包含了从服务器返回的 Cookie
elapsed	返回一个 Timedelta 对象，该对象包含了从发送请求到响应到达之间经过的时间，可以用于测试响应速度。如 r.elapsed.microseconds 表示响应到达需要多少微秒
encoding	解码 r.text 的编码方式
headers	返回响应头（字典格式）
history	返回包含请求历史的响应对象列表（URL）
is_permanent_redirect	如果响应是永久重定向的 URL，则返回 True，否则返回 False
is_redirect	如果响应被重定向，则返回 True，否则返回 False
iter_content( )	迭代响应
iter_lines( )	迭代响应的行
json( )	返回结果的 JSON 对象（结果需要以 JSON 格式编写，否则会引发错误）
links	返回响应的解析头链接

属性或方法	说明
next	返回重定向链接中的下一个请求的 PreparedRequest 对象
ok	检查"status_code"的值，如果小于 400，则返回 True；如果不小于 400，则返回 False
raise_for_status( )	如果发生错误，则返回一个 HTTPError 对象
reason	响应状态的描述，如"Not Found"或"OK"
request	返回请求此响应的请求对象
status_code	返回 HTTP 的状态码，比如状态码 404 和状态码 200（状态码 200 是 OK，状态码 404 是 Not Found）
text	返回响应的内容，属于 Unicode 类型的数据
url	返回响应的 URL

● Request。

利用 urlopen( )方法可以发起最基本的请求，但该方法的参数并不足以构建一个完整的请求，更多说明可参考 Python 官方文档。下面尝试使用 Request，Request 常用方法如表 7-3 所示。

表 7-3　Request 常用方法

方法	描述
delete(url, args)	发送 DELETE 请求到指定 URL
get(url, params, args)	发送 GET 请求到指定 URL
head(url, args)	发送 HEAD 请求到指定 URL
patch(url, data, args)	发送 PATCH 请求到指定 URL
post(url, data, json, args)	发送 POST 请求到指定 URL
put(url, data, args)	发送 PUT 请求到指定 URL
request(method, url, args)	向指定的 URL 发送指定的请求方法

【实例 7-2】使用 Request 读取重庆城市职业学院官网主页的 HTML 源代码，参考代码如下：

```
import urllib.request
request = urllib.request.Request(' https://www.cqcvc.edu.cn/')
response = urllib.request.urlopen(request)
print(response.read().decode('utf-8'))
```

从上述参考代码可以发现，程序依然用 urlopen( )方法发送请求，只不过该方法的参数不再是 URL，而是一个 Request 类型的对象。Request 的构造方法如下：

```
class urllib.request.Request(url, data=None, headers={}, origin_req_host=None,
unverifiable= False, method=None)
```

参数说明：

·url：用于请求 URL，这是必选参数，其他都是可选参数。

data：如果要传递该参数，就必须传递 bytes（字节流）类型的内容。如果该参数是字典，则可以先用 urllib.parse 模块里的 urlencode( )函数进行编码。

headers：如果传递的参数是一个字典，那么它就是请求头。在构造请求时，既可以通过

headers 参数直接构造，也可以调用请求实例的 add_header( )方法构造。添加请求头最常用的方法是通过修改 User-Agent 伪装浏览器。默认的 User-Agent 是 Python-urllib，可以通过修改 Python_urllib 来伪装浏览器。

origin_req_host：指请求方的 host 名称或者 IP 地址。

unverifiable：用于判断这个请求是否是无法验证的，默认是 False，表示用户没有足够权限来选择接收这个请求的结果。

method：用来指示请求使用的方法，比如 GET、POST 和 PUT 等。

【实例 7-3】利用测试网站 httpbin.org 检测 POST 方法，参考代码如下：

```
from urllib import request, parse
url = 'https://httpbin.org/post'
headers = {
    'User-Agent': 'Mozilla/4.0 (compatible; MSIE 5.5; Windows NT)',
    'Host': 'httpbin.org'
}
dict = {'name': 'germey'}
data = bytes(parse.urlencode(dict), encoding='utf-8')
req = request.Request(url=url, data=data, headers=headers, method='POST')
response = request.urlopen(req)
print(response.read().decode('utf-8'))
```

（2）处理异常

urllib.error 模块定义了由 urllib.request 模块产生的异常。如果程序出现了问题，urllib.request 模块便会抛出 urllib.error 模块定义的异常。

URLError 类来自 urllib.error 模块，它继承自 OSError 类，是 urllib.error 模块的基类，由 urllib.request 模块产生的异常都可以通过捕获这个类来处理。该类有一个属性 reason，用于表示返回的错误原因。

【实例 7-4】利用上文的测试网站捕获异常，参考代码如下：

```
import socket
import urllib.request
import urllib.error

try:
    response = urllib.request.urlopen('https://httpbin.org/get',timeout=0.1)
except urllib.error.URLError as e:
    if isinstance(e.reason, socket.timeout):
        print('TIME OUT')
```

（3）解析链接

urllib.parse 模块定义了处理 URL 的标准接口，例如，实现 URL 各部分的抽取、合并，以及链接转换。它支持如下协议的 URL 处理：file、FTP、gopher、HDL、HTTP、HTTPS、IMAP、mailto、MMS、news、NNTP、prospero、rsync、RTSP、SFTP、SIP、snews、SVN、SVN+SSH、telnet 和 WAIS。

● urlparse( )方法。

该方法可以实现 URL 的识别和分段，参考代码如下：

```
from urllib.parse import urlparse
result = urlparse('https://www.baidu.com/index.html;user?id=5#comment')
print(type(result))
print(result)
```

urlparse( )方法将 URL 拆分成了 6 个部分。通过观察可以发现，在解析 URL 时有特定的分隔符。":// " 的前面是 scheme，代表协议；"/" 前面是 netloc，即域名，后面是 path，即访问路径；";" 后面是 params，代表参数；"?" 后面是查询条件（query），一般用作 GET 类型的 URL；"#" 后面是锚点，用于直接定位页面内部的下拉位置。

● urlunparse( )方法。

有了 urlparse( )方法，相应地就有与其对立的方法 urlunparse( )。urlunparse( )方法接收的参数是一个可迭代对象，长度必须为 6，否则会抛出参数数量不足或者过多的问题，参考代码如下：

```
from urllib.parse import urlunparse
data = ['https', 'www.baidu.com', 'index.html', 'user', 'a=6', 'comment']
print(urlunparse(data))
```

运行结果如下：

```
https://www.baidu.com/index.html;user?a=6#comment
```

这样我们就成功实现了 URL 构造。

● urlsplit( )方法。

这个方法和 urlparse( )方法非常相似，只不过它不再单独解析 params 这一部分，且只返回 5 个结果。

● urlunsplit( )方法。

与 urlunparse( )方法类似，urlunsplit( )是将链接的各个部分组合成完整链接的方法，传入的参数也是一个可迭代对象，如列表、元组等，它的长度必须为 5。

● urljoin( )方法。

有了 urlunparse( )和 urlunsplit( )方法，我们就可以完成链接合并了，不过前提是必须有特定长度的对象，且链接的每一部分都要能清晰地分开。

● urlencode( )方法。

urlencode( )方法在构造 GET 请求的参数时非常有用，参考代码如下：

```
from urllib.parse import urlencode
params = {
    'name': 'germey',
    'age': 25
}
base_url = 'https://www.baidu.com?'
url = base_url + urlencode(params)
print(url)
```

上述代码首先声明一个字典来表示参数，然后调用 urlencode( )方法将其序列化为 GET 请求的参数，运行结果如下：

```
https://www.baidu.com?name=germey&age=25
```

有时为了更方便地构造参数，我们会事先用字典来表示参数，那么在要转化为 URL 的参数时，只需要调用该方法即可。

● parse_qs( )方法。

有了序列化，必然就有反序列化。如果有一串 GET 请求的参数，那么利用 parse_qs( )方法就可以将它转为字典，参考代码如下：

```
from urllib.parse import parse_qs
query = 'name=germey&age=25'
print(parse_qs(query))
```

● parse_qsl( )方法。

parse_qsl( )方法用于将参数转化为由元组组成的列表，参考代码如下：

```
from urllib.parse import parse_qsl
query = 'name=germey&age=25'
print(parse_qsl(query))
```

● quote( )方法。

该方法可以将内容转化为 URL 编码格式的内容。当 URL 中带有中文参数时，可能导致乱码的问题，利用 quote( )方法可以将中文字符转化为 URL 编码，参考代码如下：

```
from urllib.parse import quote
keyword = '壁纸'
url = 'https://www.baidu.com/s?wd=' + quote(keyword)
print(url)
```

● unquote( )方法。

有 quote ( )方法，当然还有 unquote( )方法，unquote( )方法可以进行 URL 解码，参考代码如下：

```
from urllib.parse import unquote
url = 'https://www.baidu.com/s?wd=%E5%A3%81%E7%BA%B8'
print(unquote(url))
```

（4）分析 Robots 协议

利用 urllib.robotparser 模块可以实现对网站 Robots 协议的分析。Robots 协议也被称作爬虫协议、机器人协议，它的全名叫网络爬虫排除标准（Robots Exclusion Protocol），用来告诉爬虫和搜索引擎哪些页面可以抓取，哪些不可以抓取。Robots 协议通常写在一个 robots.txt 文件中，一般放在网站的根目录下。robots.txt 文件的样例如下：

```
User-agent: *
Disallow: /
Allow: /public/
```

上述代码用于告诉所有爬虫只允许爬取 public 目录，并且被保存为 robots.txt 文件，并被放在网站的根目录下，和网站的入口文件放在一起。其中的 User-Agent 描述了爬虫的名称，将其设置为 "*" 代表该协议对任何爬虫都有效；Disallow 表示指定了不允许抓取的目录；Allow 一般和 Disallow 一起使用（不单独使用），用来排除某些限制。

📋 **任务实施**

爬取京东商城中的 "笔记本" 数据，并把爬取到的数据保存到 Excel 文件中。

1. 爬虫编程环境

（1）安装爬虫库

```
Pip install requests
Pip install selectors
Pip install lxml
```

（2）安装 Excel 文件库

```
Pip install openpyxl
```

2. 分析网页结构

（1）查看网页

以 Google Chrome（谷歌浏览器）为例，从浏览器进入京东官网后，首先在搜索框中输入"笔记本"，搜索页面显示内容如图 7-3 所示。

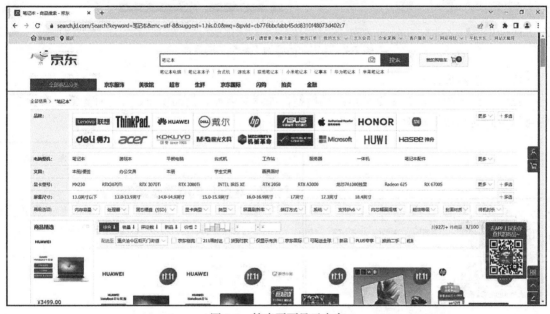

图 7-3　搜索页面显示内容

为了进一步获取数据，在此选中的品牌为"联想"，得到界面如图 7-4 所示。

然后把这个页面的地址取出来，得到结果如下：

```
https://search.jd.com/search?keyword=%E7%AC%94%E8%AE%B0%E6%9C%AC&suggest=
1.his.0.0&wq=%E7%AC%94%E8%AE%B0%E6%9C%AC&ev=exbrand_%E8%81%94%E6%83%B3%EF%BC%8
8lenovo%EF%BC%89%5E
https://search.jd.com/search?keyword=笔记本&suggest=1.his.0.0&wq=笔记本&ev=
exbrand_联想（lenovo）%5E
```

注意：以上的两个地址中，第一个地址是在地址栏直接复制得到的转码的地址，第二个地址是分两次复制后手工拼接的地址。在爬取数据时，获取以上两种形式的地址都是可以的，只是第二个地址看起来更直观。

图 7-4　选中的品牌为"联想"的界面

（2）分析网页标签

在浏览器里面按下 F12 键分析网页标签，如商品名称、商品价格、商品评论等。在图 7-5 中可以看到商品数据对应的网页标签。

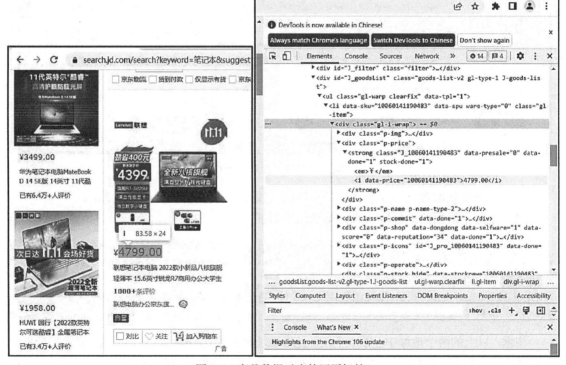

图 7-5　商品数据对应的网页标签

在图 7-5 中可以看到，在 class 标签"id=J_goodsList"里，ul 指向的 li 标签对应所有商品列表。如 p-price 对应商品价格，p-name 对应商品名称，p-commit 对应商品评论。

（3）爬取数据

爬取数据的代码如下。

```
import requests
import selectors
from lxml import etree

url=https://search.jd.com/search?keyword=笔记本&wq=笔记本&ev=exbrand_联想
%5E&page=9&s=241&click=1
headers ={
    'User-Agent': 'Mozilla/5.0 (Windows NT 6.1; WOW64) AppleWebKit/537.36
(KHTML, like Gecko) Chrome/86.0.4240.198 Safari/537.36'}

res = requests.get(url,headers=headers)
res.encoding = 'utf-8'
text = res.text

selector = etree.HTML(text)
list = selector.xpath('//*[@id="J_goodsList"]/ul/li')

for i in list:
    title=i.xpath('.//div[@class="p-name p-name-type-2"]/a/em/text()')[0]
    price = i.xpath('.//div[@class="p-price"]/strong/i/text()')[0]
    product_id                =                i.xpath('.//div[@class="p-
commit"]/strong/a/@id')[0].replace ("J_comment_","")
    print("title"+str(title))
    print("price="+str(price))
    print("product_id="+str(product_id))
    print("-----")
```

程序运行结果如图 7-6 所示。

图 7-6　程序运行结果

（4）获取商品评论数据

在网页中，商品评论数据无法直接捕获，要通过分析网页的 URL 才能获取。按下 F12 键进入开发者页面，找到以"productCommentSummaries.action"开头的项目，如图 7-7 所示。在图 7-7 中，把网页对应的 URL 取出来并放到浏览器中执行，得到的页面就是包括所有商品 ID 及商品评论数据的页面，如图 7-8 所示。

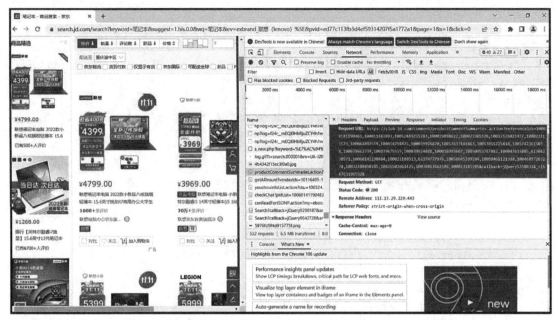

图 7-7　找到以"productCommentSummaries.action"开头的项目

图 7-8　包括商品 ID 及商品评论数据的页面

在如图 7-8 所示的页面中，在 URL 地址中保留"refernceIds="后的 IP 地址，修改后的 URL 如下：

```
https://club.jd.com/comment/productCommentSummaries.action?referenceIds=10
060141190483&callback=jQuery5358031&_=1667631915528
```

在获取不同商品的评论数据时，只需更换商品的 IP 地址即可进行查询。"callback"后的
数据会根据不同情况有所变化，可利用函数改成需要的实际值，代码如下：

```
def commentcount(product_id):
url1 ="https://club.jd.com/comment/productCommentSummaries.action?
referenceIds= "+str(rproduct_id)+"&callback=jQuery5358031&_=1667631915528"
    res1 = requests.get(url1, headers=headers)
    res1.encoding = 'gbk'
    text1 = (res1.text).replace("jQuery5358031(","").replace(");","")
    text1 = json.loads(text1)
    comment_count = text1['CommentsCount'][0]['CommentCountStr']
    comment_count = comment_count.replace("+", "")
    if "万" in comment_count:
        comment_count = comment_count.replace("万","")
        comment_count = str(int(comment_count)*10000)
    return comment_count


for i in list:
    title=i.xpath('.//div[@class="p-name p-name-type-2"]/a/em/text()')[0]
    price = i.xpath('.//div[@class="p-price"]/strong/i/text()')[0]
    product_id = i.xpath('.//div[@class="p-commit"]/strong/a/@id')[0].replace
("J_comment_","")
    comment_count = commentcount(product_id)
    print("title"+str(title))
    print("price="+str(price))
print("comment_count="+str(comment_count))
```

程序运行结果如图 7-9 所示。

图 7-9　获取不同商品的评论数据的程序运行结果

（5）保存到 Excel 文件中

将数据保存到 Excel 文件中的代码如下：

```
import openpyxl
outwb = openpyxl.Workbook()
outws = outwb.create_sheet(index=0)
```

```
outws.cell(row=1,column=1,value="index")
outws.cell(row=1,column=2,value="title")
outws.cell(row=1,column=3,value="price")
outws.cell(row=1,column=4,value="CommentCount")
count=2
for i in list:
    title=i.xpath('.//div[@class="p-name p-name-type-2"]/a/em/text()')[0]
    price = i.xpath('.//div[@class="p-price"]/strong/i/text()')[0]
    product_id = i.xpath('.//div[@class="p-commit"]/strong/a/@id')[0].Replace
("J_comment_","")

comment_count = commentcount(product_id)
print("title"+str(title))
print("price="+str(price))
print("comment_count="+str(comment_count))

outws.cell(row=count, column=1, value=str(count-1))
outws.cell(row=count, column=2, value=str(title))
outws.cell(row=count, column=3, value=str(price))
outws.cell(row=count, column=4, value=str(comment_count))
count+=1
outwb.save("jdgood.xls")
```

任务小结

通过本次任务的学习和实践，我们熟悉了 Python 爬虫的基本模块和库，能够使用 urllib 模块爬取网页数据。在任务实施过程中，增加了 XPath 与 OpenPyXL 的内容，以便于更好地分析与爬取数据，并把数据保存到 Excel 文件中。

要爬取网页数据，就要对网页的基本结构有所了解，同时要会使用 Google Chrome 的开发者页面工具，把需要的内容映射到不同的 div 之中。

同学们要强化个人信息保护意识，在生活、学习中养成保护个人信息的习惯，要遵守网站的 Robots 协议，不爬取敏感信息。从网站中获取的数据，只能用于学习，不能有其他用途。当做数据交换时，要及时对数据进行脱敏操作，严禁未脱敏就在网络上发送原始信息。

任务二　电子商务数据分析

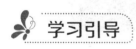 学习引导

	知识目标	能力目标（课程素养）	素质目标
学习目标	1. 了解异常值的相关操作方法 2. 了解缺失值的相关操作方法 3. 了解重复值的相关操作方法	1. 能够编写程序对存储数据的文件进行操作（不积跬步无以至千里） 2. 能够按要求完成数据预处理（追求真理　踏实认真） 3. 能够按要求实现数据图表的展示（举一反三　敢闯敢试）	1. 培养学生接受新知识的能力和团队合作的能力 2. 培养学生的自主学习能力

思维导图	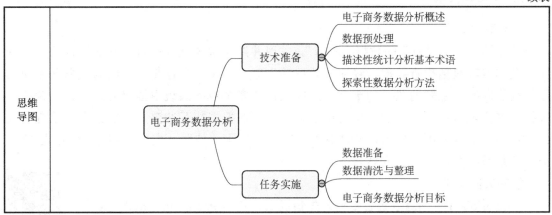

 学习任务清单

任务名称	电子商务数据分析
任务描述	通过分析电子商务数据发现问题，了解运营状况，预测未来发展趋势
任务分析	在获取一个时段的电子商务数据后，对数据进行预处理，再利用探索性数据分析方法，按不同维度对电子商务数据进行计算，预测未来发展趋势
成果展示与评价	每个小组成员都需要完成数据预处理工作，小组合作完成电子商务数据分析任务，小组互评后由教师评定综合成绩

 任务描述

随着电子商务的不断发展，电子商务购物平台逐渐崛起，但电子商务平台卖家要面对许多强大的竞争对手，面对挑战，他们要及时发现电商店铺经营中存在的问题，并且能够有效解决问题，从而提升自身的竞争力。下面，根据已有数据对电商店铺的整体运营情况进行分析，发现问题，了解运营状况，对未来发展趋势进行预测。

 技术准备

1. 电子商务数据分析概述

数据分析是指用适当的统计方法对收集的大量的第一手数据资料和第二手数据资料进行分析，以求最大化地开发数据资料的功能，发挥其作用。数据分析是为了提取有用信息和形成结论而对数据加以详细研究和概括总结的过程。

电子商务数据分析的目的是洞察电子商务数据背后的规律。通过这些规律，企业可以实施相应的措施与决策，从而达到预想的结果，这也是电子商务数据分析的最大价值。

在电子商务数据分析过程中，要先对电子商务数据进行相应的处理加工，才可以使用合适的数据分析方法对电子商务数据进行深加工，从而获取预期规律。

2. 数据预处理

（1）数据清洗

数据清洗是把"脏"的数据"洗掉"，发现并纠正数据文件中可识别的错误的一道程序，具体内容包括检查数据一致性、处理缺失值、异常值和重复值。因为数据仓库中的数据是面向某一主题的数据的集合，这些数据从多个业务系统中抽取而来，且包含历史数据，这样就避免不了有的数据是错误数据，有的数据相互冲突，这些错误的或有冲突的数据显然是我们不想要的，我们将之称为"脏数据"。按照一定的规则把"脏数据""洗掉"就是数据清洗的工作内容。

①缺失值处理。

教学视频

在使用 describe( )函数查看数据缺失情况后，使用 Pandas 的 isnull( )函数、notnull( )函数进行检测与判断，再使用 dropna( )函数删除缺失值，还可以使用 fillna(mean( ) | median( ) | mode( ))对缺失值进行插补。

读取数据并查看缺失比例，代码及其运行结果如图 7-10 所示。

```
In  [1]:  import numpy as np
          import pandas as pd

In  [2]:  data = pd.read_csv(r'MotorcycleData.csv',encoding = 'gbk',na_values='Na')
          data.apply(lambda x:sum(x.isnull())/len(x),axis=0)

Out[2]:  Condition        0.000000
         Condition_Desc   0.778994
         Price            0.000000
         Location         0.000267
         Model_Year       0.000534
         Mileage          0.003470
         Exterior_Color   0.095422
         Make             0.000534
         Warranty         0.318297
         Model            0.016415
         Sub_Model        0.676231
         Type             0.197785
         Vehicle_Title    0.964233
         OBO              0.008808
         Feedback_Perc    0.117710
         Watch_Count      0.530629
         N_Reviews        0.000801
         Seller_Status    0.083411
         Vehicle_Tile     0.007207
         Auction          0.002269
         Buy_Now          0.031630
         Bid_Count        0.707727
         dtype: float64
```

图 7-10　读取数据并查看缺失比例

缺失值常以空值表现，有多种空值处理方式，例如，直接删除、删除空值列、判断空值、缺失值用固定值填充、缺失值用众数填充，分别如图 7-11～图 7-15 所示。

②异常值处理。

异常值是指偏离正常范围的值，并不是错误值。一般使用箱形图进行处理，如图 7-16 所示。

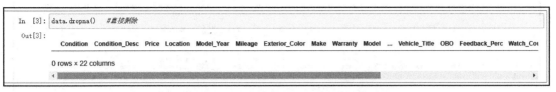

```
In [3]: data.dropna()  #直接删除
```
Out[3]:

Condition	Condition_Desc	Price	Location	Model_Year	Mileage	Exterior_Color	Make	Warranty	Model	...	Vehicle_Title	OBO	Feedback_Perc	Watch_Co

0 rows × 22 columns

图 7-11　空值处理方式之直接删除

```
In [4]: data.dropna(how='any',axis=1)  #删除空值列
```
Out[4]:

	Condition	Price
0	Used	$11,412
1	Used	$17,200
2	Used	$3,872
3	Used	$6,575
4	Used	$10,000
...	...	...
7488	Used	$3,900
7489	Used	$8,900
7490	Used	$7,800
7491	Used	$7,900
7492	Used	$12,970

7493 rows × 2 columns

图 7-12　空值处理方式之删除空值列

```
In [3]: data[data['Exterior_Color'].isnull()]
```
Out[3]:

	Condition	Condition_Desc	Price	Location	Model_Year	Mileage	Exterior_Color	Make	Warranty	Model	...	Vehicle_Title	OBO	Feedback
14	Used	NaN	$5,500	Davenport, Iowa, United States	2008.0	22,102	NaN	Harley-Davidson	Vehicle does NOT have an existing warranty	Touring	...	NaN	FALSE	
35	Used	NaN	$7,700	Roselle, Illinois, United States	2007.0	10,893	NaN	Harley-Davidson	NaN	Other	...	NaN	FALSE	
41	Used	NaN	$6,800	Hampshire, Illinois, United States	2003.0	55,782	NaN	Harley-Davidson	Vehicle does NOT have an existing warranty	Softail	...	NaN	TRUE	
55	Used	NaN	$29,500	Parma, Michigan, United States	1950.0	8,471	NaN	Harley-Davidson	NaN	Other	...	NaN	TRUE	
72	Used	NaN	$6,500	Bourbonnais, Illinois, United States	1986.0	55,300	NaN	Harley-Davidson	NaN	Touring	...	NaN	TRUE	

图 7-13　空值处理方式之判断空值

```
In [5]: data.fillna('20')   #缺失值使用固定值
```

Out[5]:

	Condition	Condition_Desc	Price	Location	Model_Year	Mileage	Exterior_Color	Make	Warranty	Model	...	Vehicle_Title	OBO	Feed
0	Used	mint!!! very low miles	$11,412	McHenry, Illinois, United States	2013	16,000	Black	Harley-Davidson	Unspecified	Touring	...		20	FALSE
1	Used	Perfect condition	$17,200	Fort Recovery, Ohio, United States	2016	60	Black	Harley-Davidson	Vehicle has an existing warranty	Touring	...		20	FALSE
2	Used	20	$3,872	Chicago, Illinois, United States	1970	25,763	Silver/Blue	BMW	Vehicle does NOT have an existing warranty	R-Series	...		20	FALSE
3	Used	CLEAN TITLE READY TO RIDE HOME	$6,575	Green Bay, Wisconsin, United States	2009	33,142	Red	Harley-Davidson	20	Touring	...		20	FALSE
4	Used	20	$10,000	West Bend, Wisconsin, United States	2012	17,800	Blue	Harley-Davidson	NO WARRANTY	Touring	...		20	FALSE
...	...	...	...	...	...	...	...	...	...	...	...	...	...	...
7488	Used	20	$3,900	Raymond, New Hampshire, United States	2004	23,681	Black	Harley-Davidson	20	FXDI	...		20	TRUE
7489	Used	20	$8,900	Raymond, New Hampshire, United States	2013	5,821	Black	Suzuki	20	GSX1300RA	...		20	TRUE
7490	Used	20	$7,800	Raymond, New Hampshire, United States	2011	48,616	Red	BMW	20	R1200GS	...		20	TRUE
7491	Used	20	$7,900	Raymond, New Hampshire, United	2014	6,185	TWO TONE	Yamaha	20	YZF-R1	...		20	TRUE

图 7-14　空值处理方式之缺失值用固定值填充

```
In [4]: data.Exterior_Color.fillna(data.Exterior_Color.mode()[0])   #用众数填充
Out[4]: 0              Black
        1              Black
        2        Silver/Blue
        3                Red
        4               Blue
                   ...
        7488           Black
        7489           Black
        7490             Red
        7491        TWO TONE
        7492            Gray
        Name: Exterior_Color, Length: 7493, dtype: object
```

图 7-15　空值处理方式之缺失值用众数填充

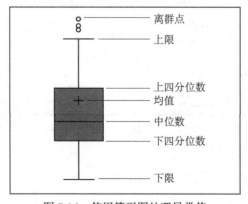

图 7-16　使用箱形图处理异常值

读取数据并转换数据类型，如图 7-17 所示。

```
In  [1]:  import numpy as np
          import pandas as pd
          data = pd.read_csv(r'MotorcycleData.csv',encoding = 'gbk',na_values='Na')

          #自定义函数用于把价格字段转换为float类型
          def strtofloat(x):
              if '$' in x:
                  x = str(x).strip('$')
                  x = str(x).replace(',','')
              else:
                  x = str(x).replace(',','')
              return float(x)
          data['Price']=data['Price'].apply(strtofloat)
```

图 7-17　读取数据并转换数据类型

定义箱形图的上限和下限，如图 7-18 所示。

```
In  [3]:  Q1 = data.Price.quantile(q=0.25)
          Q3 = data.Price.quantile(q=0.75)
          IQR = Q3-Q1
          print("箱形图上限:\n",any(data.Price > Q3+1.5*IQR))
          print("箱形图下限:\n",any(data.Price < Q1-1.5*IQR))

          箱形图上限:
           True
          箱形图下限:
           False
```

图 7-18　定义箱形图的上限和下限

画出箱形图，如图 7-19 所示。

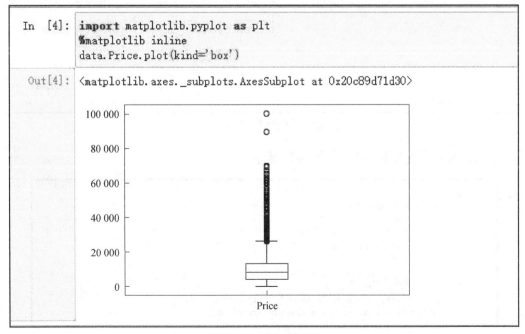

图 7-19　画出箱形图

对照查看分布，如图 7-20 所示。

```
In  [5]:  data['Price'].describe()

Out[5]:   count      7493.000000
          mean       9968.811557
          std        8497.326850
          min           0.000000
          25%        4158.000000
          50%        7995.000000
          75%       13000.000000
          max      100000.000000
          Name: Price, dtype: float64
```

图 7-20　对照查看分布

③重复值处理。

一般使用 drop_duplicates( )函数处理重复值（简称去重），注意以下几种情况不建议去重。

- 当重复的记录用于分析事物的演变规律。
- 当重复的记录用于处理不均衡样本。
- 当重复的记录用于检测业务规则中的问题。

重复值处理步骤如下。

步骤 1：读取数据并显示表头，代码及运行结果如图 7-21 所示。

```
In  [1]:  import numpy as np
          import pandas as pd
          data = pd.read_csv(r'MotorcycleData.csv', encoding = 'gbk', na_values='Na')
          data.head(2)
```

Out[1]:

	Condition	Condition_Desc	Price	Location	Model_Year	Mileage	Exterior_Color	Make	Warranty	Model	...	Vehicle_Title	OBO	Feedback_Perc
0	Used	mint!!! very low miles	$11,412	McHenry, Illinois, United States	2013.0	16,000	Black	Harley-Davidson	Unspecified	Touring	...	NaN	FALSE	8.1
1	Used	Perfect condition	$17,200	Fort Recovery, Ohio, United States	2016.0	60	Black	Harley-Davidson	Vehicle has an existing warranty	Touring	...	NaN	FALSE	100

2 rows × 22 columns

图 7-21　读取数据并显示表头

步骤 2：转换数据类型，代码如图 7-22 所示。

```
In  [2]:  #用自定义函数把价格字段转为float类型
          def strtofloat(x):
              if '$' in str(x):
                  x = str(x).strip('$')
                  x = str(x).replace(',','')
              else:
                  x = str(x).replace(',','')
              return float(x)
          data['Mileage']=data['Mileage'].apply(strtofloat)
          data['Price']=data['Price'].apply(strtofloat)
```

图 7-22　转换数据类型

步骤 3：查看是否有重复值，代码及运行结果如图 7-23 所示。

```
In  [3]:  data.duplicated()
          print("是否有重复值: \n", any(data.duplicated()))
          是否有重复值:
           True
```

图 7-23　查看是否有重复值

步骤 4：删除重复值，代码及运行结果如图 7-24 所示。

```
In  [5]:  data=data.drop_duplicates()    #删除重复值
          print("是否有重复值: \n", any(data.duplicated()))    #再次查看是否有重复值
          是否有重复值:
           False
```

图 7-24　删除重复值

（2）数据标准化

①离差标准化。

离差标准化也叫 min-max 规范化，离差是最大值（max）和最小值（min）的差值，可用于消除大单位和小单位的影响（即消除量纲影响），以及变异大小的差异影响。min-max 规范化是将原始数据变换到[0,1]区间。公式如下：

$$X_1=（X-\text{min})/（\text{max}-\text{min})$$

式中，X 为当前的数据。

读取数据的代码如下。

```
import numpy as np
import pandas as pd
data = pd.read_csv(r'MotorcycleData.csv',encoding = 'gbk',na_values='Na')
```

定义离差标准化函数，代码如图 7-25 所示。

```
In  [2]:  def strtofloat(x):
              if '$' in str(x):
                  x = str(x).strip('$')
                  x = str(x).replace(',','')
              else:
                  x = str(x).replace(',','')
              return float(x)
          data['Mileage']=data['Mileage'].apply(strtofloat)
          data['Price']=data['Price'].apply(strtofloat)
          def minmaxscale(Data):
            Data=(Data-Data.min())/(Data.max()-Data.min())
            return Data
```

图 7-25　定义离差标准化函数

对数据进行离差标准化处理，代码及运行结果如图 7-26 所示。

```
In [3]: data1=minmaxscale(data['Mileage'])
        data2=minmaxscale(data ['Price'])
        data3=pd.concat([data1,data2],axis=1)
        print('离差标准化之前里程和单价数据为：\n', data[['Mileage','Price']].head())
        print('离差标准化之后里程和单价数据为：\n',data3.head())

        离差标准化处理之前的里程和单价数据为：
             Mileage     Price
        0   16000.0   11412.0
        1      60.0   17200.0
        2   25763.0    3872.0
        3   33142.0    6575.0
        4   17800.0   10000.0
        离差标准化处理之后的里程和单价数据为：
                Mileage      Price
        0   1.440000e-05   0.11412
        1   5.400000e-08   0.17200
        2   2.318670e-05   0.03872
        3   2.982780e-05   0.06575
        4   1.602000e-05   0.10000
```

图 7-26　对数据进行离差标准化处理

调用机器学习库进行离差标准化处理，代码及运行结果如图 7-27 所示。

```
In [4]: from sklearn import preprocessing
        preprocessing.minmax_scale(data['Price'])

Out[4]: array([0.11412, 0.172  , 0.03872, ..., 0.078  , 0.079  , 0.1297 ])
```

图 7-27　调用机器学习库进行离差标准化处理

②标准差标准化。

标准差标准化也叫 Z-score 规范化，用于消除单位影响及变量自身差异的影响。假设 A 与 B 的考试成绩都为 80 分，A 的考卷满分是 100 分（及格分为 60 分），B 的考卷满分是 500 分（及格分为 300 分）。虽然两个人都考了 80 分，但是 A 的 80 分与 B 的 80 分代表完全不同的含义，此时可通过标准差标准化来进行分析。公式如下：

$$X_1=（X-平均数）/标准差$$

读取数据的代码如下：

```
import numpy as np
import pandas as pd
data = pd.read_csv(r'MotorcycleData.csv',encoding = 'gbk',na_values='Na')
```

定义标准差标准化函数的代码如下：

```
def strtofloat(x):
    if '$' in str(x):
        x = str(x).strip('$')
        x = str(x).replace(',','')
    else:
        x = str(x).replace(',','')
    return float(x)
data['Mileage']=data['Mileage'].apply(strtofloat)
data['Price']=data['Price'].apply(strtofloat)
def StandardScaler (Data):
```

```
Data=(Data-Data.mean())/Data.std()
return Data
```

对数据进行标准差标准化处理，代码及运行结果如图 7-28 所示。

```
In [9]: data1=StandardScaler(data['Mileage'])
        data2=StandardScaler(data['Price'])
        data3=pd.concat([data1,data2],axis=1)
        print('标准差标准化之前里程和单价数据为：\n',data[['Mileage','Price']].head())
        print('标准差标准化之后里程和单价数据为：\n',data3.head())

        标准差标准化处理之前的里程和单价数据为：
              Mileage    Price
        0    16000.0   11412.0
        1       60.0   17200.0
        2    25763.0    3872.0
        3    33142.0    6575.0
        4    17800.0   10000.0
        标准差标准化处理之后的里程和单价数据为：
             Mileage     Price
        0  -0.014410  0.169840
        1  -0.015637  0.850996
        2  -0.013659 -0.717498
        3  -0.013091 -0.399398
        4  -0.014272  0.003670
```

图 7-28　对数据进行标准差标准化处理

调用机器学习库进行标准差标准化处理，代码及运行结果如图 7-29 所示。

```
In [10]: from sklearn import preprocessing
         preprocessing.scale(data['Price'])

Out[10]: array([ 0.16985162,  0.85105247, -0.71754548, ..., -0.2552516 ,
                -0.24348241,  0.35321564])
```

图 7-29　调用机器学习库进行标准差标准化处理

3．描述性统计分析基本术语

（1）数据类型

截面数据：多个个体在相同或近似相同的时间节点上搜集的数据。

时间序列数据：某个个体在一段时间内搜集到的数据集。

面板数据：既有截面维度，又有时间维度的混合数据集，可分为平衡面板数据、非平衡面板数据。

（2）数据的位置度量

平均值：是衡量数据的中心位置的重要指标，反映了一些数据必然性的特点。

加权平均值：若观测值具有不同的权重，则使用加权平均值。

几何平均值：是数据位置的一种度量，它是 n 个数值乘积的 n 次方根。在财经领域，几何平均值常用于分析年、季度、月、周的财务数据的平均变化率。

中位数：是另外一种反映数据的中心位置的指标，其确定方法是将所有数据以由小到大的顺序排列，位于中心位置的数据就是中位数。

众数：是指发生频率最高的数据。

4. 探索性数据分析方法

（1）统计检验

统计检验用于检验数据是否符合正态分布，示例如图 7-30 所示。

```
In [11]: import scipy.stats as ss
         norm_data = ss.norm.rvs(loc = 0, scale = 1, size = int(10e6)) # loc为均值，scale为标准差，sise为生成数据的个数，可以为元组
         ss.normaltest(norm_data)
Out[11]: NormaltestResult(statistic=0.17623011521082577, pvalue=0.9156555175310235)
```

图 7-30　统计检验

（2）卡方检验

卡方检验常用于检验两个样本数据之间是否有较强的联系，示例如图 7-31 所示。

```
In  [12]: ss.chi2_contingency([[15,95],[85,5]])
Out[12]: (126.08080808080808,
          2.9521414005078985e-29,
          1,
          array([[55., 55.],
                 [45., 45.]]))
```

图 7-31　卡方检验

（3）独立分布 t 检验

独立分布 t 检验常用于比较均值是否有相异性，不要求两个样本的数据量一致，示例如图 7-32 所示。

```
In  [13]: ss.ttest_ind(ss.norm.rvs(size = 500), ss.norm.rvs(size = 1000))
Out[13]: Ttest_indResult(statistic=0.4959767229222647, pvalue=0.6199835923247168)
```

图 7-32　独立分布 t 检验

（4）方差检验

方差检验常用于检验多组样本数据的均值是否有差异，示例如图 7-33 所示。

```
In  [14]: ss.f_oneway(ss.norm.rvs(size = 5000), ss.norm.rvs(size = 10000), ss.norm.rvs(size = 5000))
Out[14]: F_onewayResult(statistic=1.3926173334891543, pvalue=0.24844833592213306)
```

图 7-33　方差检验

（5）Q-Q 图

Q-Q 图的横轴为标准分布的分位数值（默认符合正态分布），纵轴为已知分布的分位数的值。数据越集中在对角线上，则说明数据越符合正态分布，Q-Q 图如图 7-34 所示。

教学视频

（6）相关系数

Pearson 相关系数和具体数值有关，Spearman 相关系数和差值有关，它们都用于相对比较的情况，示例如图 7-35 所示。

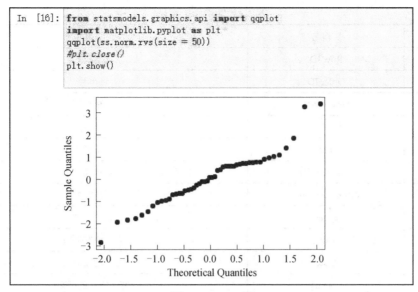

图 7-34　Q-Q 图

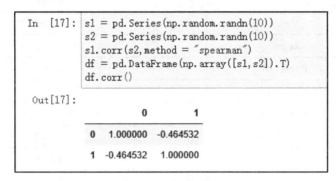

图 7-35　相关系数

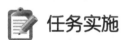 任务实施

随着电子商务的不断发展，网上购物变得越来越流行。电子商务平台的崛起对于电子商务平台卖家来说，增加的不只有需求，还有更多强大的竞争对手。面对这些挑战，电子商务平台卖家需要及时发现电商店铺经营中存在的问题，并有效解决问题，从而提升自身的竞争力。根据已有数据对电商店铺的整体运营情况进行分析，了解运营状况，对未来发展趋势进行预测，这已经成为电商运营必不可少的工作内容。本次任务要对一家全球超市在 4 年（2011~2014 年）时间中的零售数据进行分析，实现以下几个具体目标：①计算销售额增长率；②计算各个地区的销售额；③使用 RFM 模型标记客户价值。

1. 数据准备

数据来源于数据科学竞赛平台——Kaggle，总共 51290 条数据，共计 24 个字段。数据字段属性如表 7-4 所示。

表 7-4　数据字段属性

序号	字段名	字段属性说明
0	Row ID	行编号
1	Order ID	订单号
2	Order Date	订单日期
3	Ship Date	发货日期
4	Ship Mode	发货形式
5	Customer ID	客户编号
6	Customer Name	客户姓名
7	Segment	客户类别
8	City	客户所在城市
9	State	客户所在的洲
10	Country	客户所在的国家
11	Postal Code	邮政编码
12	Market	商店所属的区域
13	Region	商店所属的洲
14	Product ID	产品编号
15	Category	产品类别
16	Sub-Category	产品子类型
17	Product Name	产品名称
18	Sales	销售额
19	Quantity	销售量
20	Discount	折扣
21	Profit	利润
22	Shipping Cost	发货成本
23	Order Priority	订单优先级

读取数据并使用 info( )函数获得如表 7-4 所示的数据字段属性，代码运行结果如图 7-36 所示。

2. 数据清洗与整理

（1）查看是否有缺失值

通过使用 info( ) 函数可知，只有数据集中的 Postal Code 字段有缺失值（共 9994 个值）。下面再次查看每个字段是否含有缺失值，如图 7-37 所示。

使用 isna( ).any( )函数会返回一个仅含 True 和 False 这两个值的 Series，这个函数主要用来判断所有列中是否都含有空值。使用该函数得出的结论与使用 info( ) 函数得出的结论一致，即只有 Postal Code 字段含有缺失值。因为该字段并不在分析范围内，所以可以不处理该字段的缺失值。在分析过程中保留该字段可以确保分析的准确度。

```
In [1]:  import numpy as np
         import pandas as pd
         data = pd.read_csv(r'superstore_dataset2011-2015.csv',encoding='iso-8859-1')
         data.info()

<class 'pandas.core.frame.DataFrame'>
RangeIndex: 51290 entries, 0 to 51289
Data columns (total 24 columns):
 #   Column          Non-Null Count   Dtype
---  ------          --------------   -----
 0   Row ID          51290 non-null   int64
 1   Order ID        51290 non-null   object
 2   Order Date      51290 non-null   object
 3   Ship Date       51290 non-null   object
 4   Ship Mode       51290 non-null   object
 5   Customer ID     51290 non-null   object
 6   Customer Name   51290 non-null   object
 7   Segment         51290 non-null   object
 8   City            51290 non-null   object
 9   State           51290 non-null   object
 10  Country         51290 non-null   object
 11  Postal Code     9994 non-null    float64
 12  Market          51290 non-null   object
 13  Region          51290 non-null   object
 14  Product ID      51290 non-null   object
 15  Category        51290 non-null   object
 16  Sub-Category    51290 non-null   object
 17  Product Name    51290 non-null   object
 18  Sales           51290 non-null   float64
 19  Quantity        51290 non-null   int64
 20  Discount        51290 non-null   float64
 21  Profit          51290 non-null   float64
 22  Shipping Cost   51290 non-null   float64
 23  Order Priority  51290 non-null   object
dtypes: float64(5), int64(2), object(17)
memory usage: 9.4+ MB
```

图 7-36　获取数据字段属性

```
In [2]:  data.isna().any()

Out[2]:  Row ID           False
         Order ID         False
         Order Date       False
         Ship Date        False
         Ship Mode        False
         Customer ID      False
         Customer Name    False
         Segment          False
         City             False
         State            False
         Country          False
         Postal Code      True
         Market           False
         Region           False
         Product ID       False
         Category         False
         Sub-Category     False
         Product Name     False
         Sales            False
         Quantity         False
         Discount         False
         Profit           False
         Shipping Cost    False
         Order Priority   False
         dtype: bool
```

图 7-37　查看每个字段是否含有缺失值

（2）查看是否有异常值

在查看缺失值之后，还需要查看数据集中是否含有异常值，使用 Pandas 的 describe( )函数可以分析数据集的集中趋势，以及各行、各列的分布情况，如图 7-38 所示。

```
In  [3]:  data.describe()
Out[3]:
```

	Row ID	Postal Code	Sales	Quantity	Discount	Profit	Shipping Cost
count	51290.00000	9994.000000	51290.000000	51290.000000	51290.000000	51290.000000	51290.000000
mean	25645.50000	55190.379428	246.490581	3.476545	0.142908	28.610982	26.375915
std	14806.29199	32063.693350	487.565361	2.278766	0.212280	174.340972	57.296804
min	1.00000	1040.000000	0.444000	1.000000	0.000000	-6599.978000	0.000000
25%	12823.25000	23223.000000	30.758625	2.000000	0.000000	0.000000	2.610000
50%	25645.50000	56430.500000	85.053000	3.000000	0.000000	9.240000	7.790000
75%	38467.75000	90008.000000	251.053200	5.000000	0.200000	36.810000	24.450000
max	51290.00000	99301.000000	22638.480000	14.000000	0.850000	8399.976000	933.570000

图 7-38　查看是否有异常值

describe( )函数会对数据进行统计，输出结果包括数量（count）、平均值（mean）、标准差（std）、最小值（min）、最大值（max），以及下四分位数、中位数和上四分位数。通过观察输出结果发现数据集并无异常值。

（3）数据整理

由于很多分析的维度都建立在时间基础上，查看数据类型发现时间属于字符串类型，因此需要处理时间的数据类型，将其修改成 datetime 类型，如图 7-39 所示。使用 datetime 类型可以快速增加数据的维度，把时间分解为年、月和季度等。

```
In  [4]:  data['Order Date'] = pd.to_datetime(data['Order Date'])
          print(data['Order Date'].dtype)      #列出转换后的数据类型
          data['Order-year'] = data['Order Date'].dt.year
          data['Order-month'] = data['Order Date'].dt.month
          data['Quarter'] = data['Order Date'].dt.to_period('Q')

          datetime64[ns]
```

图 7-39　将时间的数据类型修改成 datetime 类型

把"Order Date"列数据分解为年、月和季度后，就可以按不同的时间维度取出数据。例如，需要获取 2012 年销售额排名前 10 的客户 ID（Customer ID）数据，可以使用如图 7-40 所示的方法。

3. 电子商务数据分析目标

（1）每年的销售额增长率

销售额增长率是本年销售增长额同上年销售额的比值。本年销售增长额为本年销售额减去上年销售额得到的差值，它是衡量企业经营状况和市场占有能力，以及预测企业经营业务拓展趋势的重要指标，也是企业扩张增量资本和存量资本的重要前提。该指标数值越大，表明销售额增长速度越快，企业市场前景越好。

```
In [5]: Order2012 = data[data['Order-year']==2012]
        Order2012_Sales_Sort = Order2012.sort_values('Sales',ascending=False)
        Order2012_Sales_Sort [:10][['Customer ID','Sales']]
```

Out[5]:

	Customer ID	Sales
25346	CM-12385	6354.950
21720	GT-14710	5785.020
4049	SC-20305	5759.964
32693	CM-12160	5737.500
47650	MG-18145	5724.540
44001	BT-11530	5451.300
22230	MB-18085	5244.840
40170	HM-14860	4899.930
35759	DK-13150	4748.436
6253	KD-16495	4643.800

图 7-40　按不同的时间维度取出数据

销售额增长率=（本年销售额−上年销售额）/上年销售额 ×100%

=（本年销售额/上年销售额−1）×100%

①计算销售额增长率。

按年份计算销售额，并按年份进行分组。再根据销售额增长率公式分别算出 2012 年、2013 年和 2014 年的销售额增长率，参考代码和运行结果如图 7-41 所示。

```
In [6]: sales_year = data.groupby('Order-year')['Sales'].sum()
        sales_rate2012 = sales_year[2012]/sales_year[2011]-1
        sales_rate2013 = sales_year[2013]/sales_year[2013]-1
        sales_rate2014 = sales_year[2014]/sales_year[2013]-1
        print(sales_rate2012,sales_rate2012,sales_rate2014)

        0.18499530115262286 0.18499530115262286 0.26253258557834647
```

图 7-41　计算销售额增长率

②用图形展示销售额增长率，参考代码和运行结果如图 7-42 所示。

通过图 7-42 可以看出，2011～2014 年该超市的销售额在稳步上升，说明该超市的市场占有能力在不断提高。2012～2014 年该超市的销售额增长率在增长后趋于平稳，说明该超市的经营能力在逐步稳定。

（2）各地区的销售额对比

对比各地区的销售额，有利于决策者为不同地区分配下一年度的销售额指标，或者采取新的营销策略。

①对 Market 字段的数据分组。

```
Sales_Area = data.groupby('Market')['Sales'].sum()
```

②分析各地区的销售额，代码及运行结果如图 7-43 所示。

```
In [7]: import matplotlib.pyplot as plt
        %matplotlib inline
        plt.rcParams['font.sans-serif'] = ['KaiTi']
        plt.rcParams['axes.unicode_minus'] = False
        sales_rate2012 = sales_year[2012]/sales_year[2011]-1
        sales_rate2013 = sales_year[2013]/sales_year[2013]-1
        sales_rate2014 = sales_year[2014]/sales_year[2013]-1
        plt.style.use('ggplot')
        sales_rate = pd.DataFrame({'sales_all':sales_year,'sales_rate':[0,sales_rate2012,sales_rate2013,sales_rate2014]})
        y1 = sales_rate['sales_all']
        y2 = sales_rate['sales_rate']
        x = [str(value) for value in sales_rate.index.tolist()]
        fig = plt.figure()
        ax1 = fig.add_subplot(1,1,1)
        ax2 = ax1.twinx()
        ax1.bar(x,y1,color='blue')
        ax2.plot(x,y2,marker='*',color='r')
        ax1.set_xlabel('年份/年')
        ax1.set_ylabel('销售额/元')
        ax2.set_xlabel('增长率')
        ax2.set_ylabel('销售额增长率')
        plt.title('销售额与销售额增长率')
        plt.show()
```

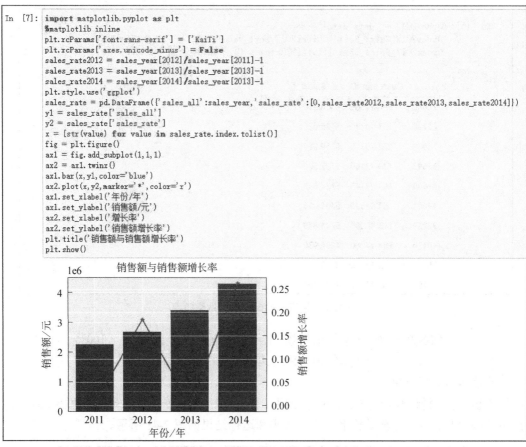

图 7-42　用图形展示销售额增长率

```
In [9]: Sales_Area = data.groupby(['Market','Order-year'])['Sales'].sum()
        Sales_Area = Sales_Area.reset_index(level=[0,1])
        Sales_Area = pd.pivot_table(Sales_Area,index='Market',columns='Order-year',values='Sales')
        Sales_Area.plot(kind='bar',title='2011-2014年各地区的销售额对比')

Out[9]: <matplotlib.axes._subplots.AxesSubplot at 0x26e61ba61f0>
```

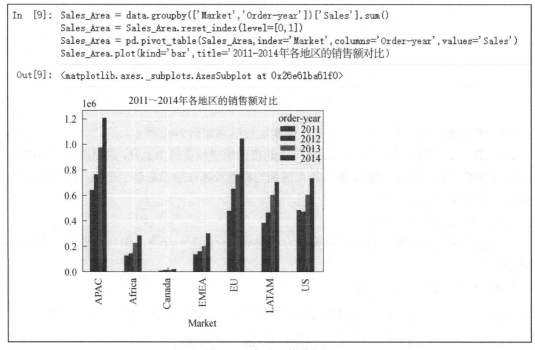

图 7-43　各地区的销售额

可以看出 APAC 地区和 EU 地区的销售额增长速度比较快，市场前景比较好，下一年度可以适当加大运营成本。其他地区可以根据自身消费特点，参考上面两个地区的运营模式。

（3）使用 RFM 模型标记客户价值

①模型简介。

电商企业业务基本都以客户的需求为导向，都希望服务好客户，促进销售转化。那么如何进行客户价值分析，甄选出有价值的客户，将企业精力集中在这些客户上，有效地提升电商企业竞争力，使电商企业获得更大的发展空间呢？这就需要进行客户精细化运营。最具有影响力并得到实证验证的理论与模型有客户终生价值理论、客户价值金字塔模型、策论评估矩阵分析法和 RFM 模型等。

RFM 模型是衡量客户价值和客户创造利益的能力的经典模型，依托于客户最近一次购物的时间、消费频次及消费金额。R（Recency）代表客户最近一次发生交易的时间间隔，R 值越大，表示客户发生交易的日期越远，反之则表示客户发生交易的日期越近。F（Frequency）代表客户在最近一段时间内的交易次数，F 值越大，表示客户交易越频繁，反之则表示客户交易不够活跃。M（Monetary）代表客户在最近一段时间内的交易金额，M 值越大，表示客户价值越高，反之则表示客户价值越低。应用 RFM 模型时，要有基础的客户交易数据，至少包含客户号（Customer ID）、交易金额（Sales）和交易时间（Order Date）3 个字段。

根据 R、F、M 这 3 个维度，可以将客户群体分为 8 种类型，分别如表 7-5 所示。

表 7-5　客户群体类型

客户群体类型	R	F	M	客户等级
重要价值	高	高	高	A
重要发展	高	低	高	A
重要保持	低	高	高	B
重要挽留	低	低	高	B
一般价值	高	高	低	B
一般发展	高	低	低	B
一般保持	低	高	低	C
一般挽留	低	低	低	C

表 7-5 将每个维度都分为高和低两种情况，并将客户群体划分为 8 种类型，这 8 种类型又可以被划分成 A、B、C 三个等级。

②R、F、M 值的计算。

现有某客户的消费记录如表 7-6 所示。在表 7-6 中，有 Customer ID、Order Date、Sales 三个字段，现根据这 3 个字段分别计算 R、F、M 值，假设分析的时间是 2014 年 5 月 1 日。

表 7-6　某客户的消费记录

Customer ID	Order Date	Sales
KN-6705	2014 年 9 月 1 日	128.736 元
KN-6705	2014 年 9 月 3 日	795.408 元

- *R*：交易间隔天数 = 125（天）。
- *F*：消费次数 = 2（次）。
- *M*：消费金额 = 128.736 + 795.408=924.144（元）。

③评价方式。

当 *R*、*F*、*M* 值都计算出来之后，就可以对每一个维度进行评分了。评分方式就是根据 *R*、*F*、*M* 值的特征设定分值区间，然后让每个分值区间对应不同的分值。*R* 的评分机制与 *F*、*M* 的略有不同，*R*、*F*、*M* 的评分机制如下：

- *R*：*R* 值越大，分值越小。
- *F*：*F* 值越大，分值越大。
- *M*：*M* 值越大，分值越大。

当 *R*、*F*、*M* 三个维度对应的分值都设置完成之后，再利用每个维度的分值的平均值对 *R*、*F*、*M* 进行高、低维度划分。当分值大于等于对应的平均值时表示高，当分值小于对应的平均值时表示低。

④分析步骤。

步骤 1：统计全年的数据。

```
data_2014 = data[data['Order-year']==2014]
data_2014 = data[['Customer ID','Order Date','Sales']]
```

步骤 2：对数据分组。

```
def order_sort(group):
return group.sort_values(by='Order Date')[-1:]
data_2014_group = data_2014.groupby(by='Customer ID',as_index = False)
data_max_time = data_2014_group.apply(order_sort)
```

步骤 3：计算 *F*、*M* 值。

```
data_max_time['F'] = data_2014_group.size().values
data_max_time['M'] = data_2014_group.sum()['Sales'].values
```

步骤 4：计算 *R* 值。

根据需要假定分析时间是 2014 年 12 月 31 日，请计算假定的分析时间与最近一次交易的时间的间隔。需要注意的是，由于是历史数据，因此时间跨度不要太大。

```
stat_date = pd.to_datetime('2014-12-31)
r_data = stat_date – data_max_time['Order Date']
data_max_time['R'] = r_data.values
```

以上 4 个步骤的具体实现及计算结果如图 7-44 所示。

步骤 5：设定分值区间。

给定 *F* 的分值区间为[0, 5, 10, 15, 20, 50]，采用 5 分制的评分规则，并将分值与分值区间一一对应，若分值区间为 1～5，则对应的分值为 1 分；若分值区间为 5～10，则对应的分值为 2 分，依此类推，代码如下：

```
import datetime  #要对时间进行处理，引入相应的模块
Section_List_F = [0,5,10,15,20,50]
Grade_F = pd.cut(data_max_time['F'],bins=Section_List_F,labels=[1,2,3,4,5])
```

```
data_max_time['F_S'] = Grade_F.values
```

```
In [6]: print(data_max_time[['R','F','M']])
              R     F        M
0  38627    8 days   42  13747.41300
1  42095    6 days   42   5884.19500
2  17810  117 days   38  17695.58978
3  19571   26 days   73  15343.89070
4  48868    2 days    8   2243.25600
...   ...     ...   ...       ...
1585 37013   9 days   54  18703.60600
1586 22572 200 days    1      7.17300
1587 47385   3 days   84  28472.81926
1588 47393   3 days   18   2951.22600
1589 50241   1 days   36   9479.34440

[1590 rows x 3 columns]
```

图 7-44　计算出 R、F、M 值

给定 M 的分值区间为[0, 500, 1000, 5000, 10000, 30000]，采用 5 分制的评分规则，并将分值与分值区间一一对应。给定 R 的分值区间为[-1, 32, 93, 186, 277, 365]，其分值与分值区间的对应顺序与 F 和 M 的相反，代码如下：

```
Section_List_M = [0,500,1000,5000,10000,30000]
Grade_M = pd.cut(data_max_time['M'],bins=Section_list_M,labels=[1,2,3,4,5]
data_max_time['M_S'] = Grade_M.values
Section_List_R = [datetime.timedelta(days=i) for i in [-1,32,93,186,277,
365]]
Grade_R = pd.cut(data_max_time['R'],bins=Section_List_R,labels=[5,4,3,2,1])
data_max_time['R_S'] = Grade_R.values
data_max_time    #显示数据
```

计算出的分值区间如图 7-45 所示。

		Customer ID	Order Date	Sales	F	M	R	F_S	M_S	R_S
0	38627	AA-10315	2014-12-23	45.9900	42	13747.41300	8 days	5	5	5
1	42095	AA-10375	2014-12-25	444.4200	42	5884.19500	6 days	5	4	5
2	17810	AA-10480	2014-09-05	26.7600	38	17695.58978	117 days	5	5	3
3	19571	AA-10645	2014-12-05	168.3000	73	15343.89070	26 days	NaN	5	5
4	48868	AA-315	2014-12-29	20.0520	8	2243.25600	2 days	2	3	5
...	...			...		...		...		...
1585	37013	YS-21880	2014-12-22	1000.0200	54	18703.60600	9 days	NaN	5	5
1586	22572	ZC-11910	2014-06-14	7.1730	1	7.17300	200 days	1	1	2
1587	47385	ZC-21910	2014-12-28	135.4500	84	28472.81926	3 days	NaN	5	5
1588	47393	ZD-11925	2014-12-28	8.7600	18	2951.22600	3 days	4	3	5
1589	50241	ZD-21925	2014-12-30	588.0225	36	9479.34440	1 days	5	4	5

1590 rows × 9 columns

图 7-45　分值区间

步骤 6：划分高、低维度，并计算出对应的值，代码及运行结果如图 7-46 所示。
步骤 7：根据 R、F、M 值标记客户价值，代码及运行结果如图 7-47 所示。

```
In  [12]: data_max_time['F_S'] = data_max_time['F_S'].values.astype('int')
          grade_avg = data_max_time['F_S'].values.sum()/data_max_time['F_S'].count()
          data_F_S = data_max_time['F_S'].where(data_max_time['F_S']>grade_avg,0)
          data_max_time['F_high-low']=data_F_S.where(data_max_time['F_S']<grade_avg,1).values
          data_max_time['M_S'] = data_max_time['M_S'].values.astype('int')
          grade_avg = data_max_time['M_S'].values.sum()/data_max_time['M_S'].count()
          data_M_S = data_max_time['M_S'].where(data_max_time['M_S']>grade_avg,0)
          data_max_time['M_high-low']=data_M_S.where(data_max_time['M_S']<grade_avg,1).values
          data_max_time['R_S'] = data_max_time['R_S'].values.astype('int')
          grade_avg = data_max_time['R_S'].values.sum()/data_max_time['R_S'].count()
          data_R_S = data_max_time['R_S'].where(data_max_time['R_S']<grade_avg,0)
          data_max_time['R_high-low']=data_R_S.where(data_max_time['R_S']>grade_avg,1).values
          data_max_time
```

Out[12]:

	Customer ID	Order Date	Sales	F	M	R	F_S	M_S	R_S	F_high-low	M_high-low	R_high-low
0	38627	AA-10315	2014-12-23	45.9900	42	13747.41300	8 days	5	4	5	1	1	0
1	42095	AA-10375	2014-12-25	444.4200	42	5884.19500	6 days	5	3	5	1	0	0
2	17810	AA-10480	2014-09-05	26.7600	38	17695.58978	117 days	5	4	3	1	1	1
3	19571	AA-10645	2014-12-05	168.3000	73	15343.89070	26 days	5	4	5	1	1	0
4	48868	AA-315	2014-12-29	20.0520	8	2243.25600	2 days	2	3	5	0	0	0
...	...	...	...	...	...	...	...	...	...	...	...	...	...
1585	37013	YS-21880	2014-12-22	1000.0200	54	18703.60600	9 days	5	4	5	1	1	0
1586	22572	ZC-11910	2014-06-14	7.1730	1	7.17300	200 days	1	1	2	0	0	1
1587	47385	ZC-21910	2014-12-28	135.4500	84	28472.81926	3 days	5	5	5	1	1	0
1588	47393	ZD-11925	2014-12-28	8.7600	18	2951.22600	3 days	4	3	5	1	0	0
1589	50241	ZD-21925	2014-12-30	588.0225	36	9479.34440	1 days	5	3	5	1	0	0

1590 rows × 12 columns

图 7-46 划分高、低维度

```
In  [14]: data_rfm = data_max_time.loc[:,['Customer ID','R_high-low','F_high-low','M_high-low']]
          def get_sum_value(series):
              return ''.join([str(i) for i in series.values.tolist()[1:]])
          data_rfm['data_rfm'] = data_rfm.apply(get_sum_value, axis=1)
          data_rfm['data_rfm']
          dic = {
            '111':'重要价值客户',
            '101':'重要发展客户',
            '011':'重要保持客户',
            '001':'重要挽留客户',
            '110':'一般价值客户',
            '100':'一般发展客户',
            '010':'一般保持客户',
            '000':'一般挽留客户',
          }
          data_rfm['data_rfm'] = data_rfm['data_rfm'].map(dic)
          data_rfm
```

Out[14]:

	Customer ID	R_high-low	F_high-low	M_high-low	data_rfm
0	38627	AA-10315	0	1	1	重要保持客户
1	42095	AA-10375	0	1	0	一般保持客户
2	17810	AA-10480	1	1	1	重要价值客户
3	19571	AA-10645	0	1	1	重要保持客户
4	48868	AA-315	0	0	0	一般挽留客户
...	...	...	...	...	...
1585	37013	YS-21880	0	1	1	重要保持客户
1586	22572	ZC-11910	1	0	0	一般发展客户
1587	47385	ZC-21910	0	1	1	重要保持客户
1588	47393	ZD-11925	0	1	0	一般保持客户
1589	50241	ZD-21925	0	1	0	一般保持客户

1590 rows × 5 columns

图 7-47 根据 R、F、M 值标记客户价值

步骤 8：保存数据，代码如下：

```
data_max_time['data_rfm'] = data_rfm['data_rfm']
data_max_time.to_excel('output.xlsx')
```

 任务小结

通过本次任务的学习和实践，我们了解了分析、处理电子商务数据的相关操作方法。

当拿到一个数据时，首先要对数据进行简单的数据预处理，如去除异常值、缺失值、重复值等。在处理数据时，要先查看数据信息，再查看统计变量。当数据清洗完成后，要对数据进行整理，常见的是对日期数据进行处理。

在对数据进行分区时，可能会出现空值，这时可以使用填充的方式对空值进行处理，也可以直接删除空值。

在完成数据分析、数据处理工作后，建议将输出结果保存到文件中。